不想被主管整死、被屬下氣死、被同業害死，不可不知的職場文化人類學！

你老闆在你背後，有點火

御姊愛

自序

這是我的第一本職場書，描寫職場裡形形色色的人以及各種生存下來的小技巧。如果你老是在快被主管整死、被下屬氣死、被同業害死的邊緣，請你繼續往下翻閱這本書。這本書不會教你什麼深呼吸之類的心靈法則，因為深呼吸解決不了問題；通常是**解決了問題之後，我們才能好好呼吸。**

從研究所畢業十幾年，我的同學朋友們在這幾年陸續都成為小主管或資深主管，少數成為公司的副總或負責人。如今聚在一起，話題已不再是從前的「菜鳥求生指南」，而是步入「那個新鮮人是不是想整死我？」或「大老闆／客戶是想逼我離職嗎？」這類不是你死就是我活的進階版話題。

很遺憾，事實上不管你在職場一年、三年、五年、十年，還是二十年，沒有一天你不會想抱怨，只是多跟少的問題，時間早和晚的差別而已。

而且不知道你有沒有發現，其實大多數的抱怨都很類似，什麼新鮮人很白目、老闆很難搞定、客戶整天發瘋不合理，當然也有少數一些個案，例如被老闆摸屁股或要求單獨去遠方出差。

後來很不幸我自己開始當老闆，也有一些全職和兼職的員工，此時我赫然發現，以往那些我覺得很bitchy的事，後來都明白所為何來了。當然，我試著當一個沒那麼失控的老闆，但有時還是忍不住來一杯威士忌乾脆把自己灌醉。

這就是員工和老闆們在職場上的現狀，員工不愛控制狂老闆，而老闆怪員工「是你把我變成我原本討厭的那種人」。

我開始在臉書分享一些職場的求生術，沒想到意外地還挺多人喜歡，於是我決定乾脆把周遭各種聽過的、看到的個案寫成一本書，跟大家分享一些職場的文化和趣聞，當然還有一些如何才能在職場獲得成功的法則，最重要的其實是給予職場溝通的觀察與建議。有時眼前的難題其實很可能是不懂得換位思考，因為你不知道老闆或主管在想什麼，而他們也不懂你到底有什麼毛病？

來吧，讓我們從別人的白目練就出自己的火眼金睛，跨越他們dead body讓自己變成somebody。

在進入正文之前，請讓我感謝我過往所有公司的主管、同事、客戶、廠商，不管是正常的、失常的……呃，我是說，不管是正常的或「跟正常有點不一樣」的那種（咳咳，職場最重視人情留一線，講話千萬要注意），也因為跟你們的共事，讓我有機會成長和出版這本書，但不用懷疑，這本書的稿費將不會分給你們，也謝謝所有跟我分享各種詭異職場事的朋友和網友們。

御姊愛

目次

Chapter 1 那些老闆沒有告訴你的事

Chapter 2

那些員工沒有告訴你的事

Chapter 3

那些職場沒有告訴你的事

Chapter 1

那些老闆沒有告訴你的事

「我幹嘛給你那麼高的薪水？」

別光怪老闆不加薪，問問自己，你是否曾給老闆一個好理由，讓他心甘情願說服自己為你加薪？

「你有什麼期望待遇嗎？」我問那個剛畢業，還全身菜味的女孩，她應徵的是行銷職務，過往沒有相關資歷，但當過某公司的人資助理兩年。「我希望的薪水是三萬三千元。」她說。

對於一個大學畢業，只有兩年不相關工作經驗的員工來說，這樣的數字有點超過我的預期。「為什麼你覺得是這個數字呢？」我把頭從她的履歷表上抬了起來。她的履歷表上寫著：前一份工作薪資兩萬六。

「因為我覺得我值得，我一定會很努力，不讓你失望。」女孩用日本卡通人物般誠懇的眼神試圖打動我，我卻覺得自己像好萊塢電影裡的壞蛋，因為我心裡想的是，「不管你拿多少錢，不讓老闆失望本來就是應該的，但願不願意拿三萬三千元賭在一個還看不出潛力的員工身上，那又是另一回事了。」

這次面試讓我想起以前在職場，那時我們還是一群菜鳥，特別喜歡打聽同儕的薪水（雖然公司都禁止），「什麼？你居然起薪就三萬了？好高喔！」、「我跟你一樣啊，才兩萬八。」、「因為他碩士畢業所以多兩千，反正公司就是重學歷啦。」

那時彼此之間多一千少一千簡直是天堂與地獄。原本像是好朋友的同期同事，每天一起午餐、聊前一天晚上看了哪部韓劇、哪個男明星好帥，卻因為比自己多了一千元的薪水而讓人越看越不順眼。

在廣告和媒體圈，不少年輕的員工總是靠著跳槽幫自己加薪，我們都遇過對方公司多出個五百元，下屬居然就跑掉的事。那時身為員工的我總是跟著忿忿不平，覺得老闆「好小氣，多給個一千兩千薪水會怎麼樣嗎？」

現在當了老闆，總算知道答案。

答案就是……

「我看不出你憑什麼多值那個一兩千。」

當然，公司的主管和人資通常不會那麼直接，他們會對新進員工說：「我們還需要觀察你的表現，再做評估」或是「試用期先這樣，等之後過了試用期我們再來談談」；對於一般員工則會說，「目前暫時沒有加薪的計畫」。

不管他們怎麼說，真相都只有一個，就是：根據評估，你的產值並不值得這麼高的薪水。

很傷人，是的。

如果你覺得自己的價值跟現在的薪水不成正比，有一種方法可以驗證看看，就是提離職（但切記，這招不要用超過兩次）。許多老闆確實是滿小氣，而且不見棺材不掉淚，員工循一般管道爭取加薪他們置之不理，但說要離職，老闆立刻腿軟，「加加加，別走就好。」

但萬一，我是說萬一，你提了離職，結果主管或老闆問：「你為什麼一定要走呢？」

而你回答，「因為我的薪水太低了，爭取加薪也沒有結果，我可能需要更多一點的收入來生活。」

結果老闆居然放你走了，留也沒留，那你就知道，是的，他們真的寧可重新訓練一個人也不願意多給你一點。

在抱怨之餘，我想讓你知道主管和老闆們是怎麼思考加薪這件事的。首先，部門主管跟公司老闆的考量點恐怕並不一樣。

大部分的部門主管都會清楚自己部門裡可以動用的人事薪水範圍以及名額（Headcount），一個部門裡若是流動率太高，部門主管難辭其咎，很可能會被老闆懷疑領導力不佳，阻礙自己的仕途；再者，部門主管必須負責招聘和訓練新人（超級麻煩的過程，我們日後再說），換言之，只要你不是太差，部門主管通常會盡全力留你下來，但倘若你要求的加薪超過他能給的範圍，他未必能說服大老闆。

至於大老闆願不願意花錢留你？第一，你有沒有潛力？第二、你目前工作內容的「可替代性」高不高？第三、也是華人公司很常見的，投不投緣。

關於潛力這種事，可不是你自我感覺良好，老闆就會覺得你值得栽培，通常潛力有幾個指標：

1. 你有沒有經手或負責過什麼讓人驚豔的案子？

2. 你的畢業學校和語文專長。（特別適用於35歲以下的年輕人。雖然現實，但很抱歉，當老闆跟你接觸不多的時候，這些是他唯一能判斷的標準。）

3. 是否曾有部門主管或客戶在老闆面前稱讚過你？

至少得要有以上三點其中之一，你才有可能被視為公司值得投資的潛力股。

不過潛力重要歸重要，台灣其實也不缺高學歷人才，你說台大挺厲害的，人家哈佛、劍橋回來的也跟你一樣在找工作呢！所以找工作的時候，得盡量找一些有點技術門檻，或是可取代性較低的職務，例如說，當一堆人念行銷碩士回來的時候，某個人專精的是資料科學

（Data Science），分析大數據，那做為老闆當然是得把他好好留下來，不然你以為滿街的人都會寫Python語法或建預測模型嗎？

又或者你做的是業務工作，而且手上的客戶都喜歡你，特別認你這個窗口，那你也算吃了顆定心丸，只要你老闆不是劉邦怕你功高震主，他肯定會給你好待遇的。畢竟商場上常常是「有關係就沒關係」，客戶愛你，公司就能省事很多。

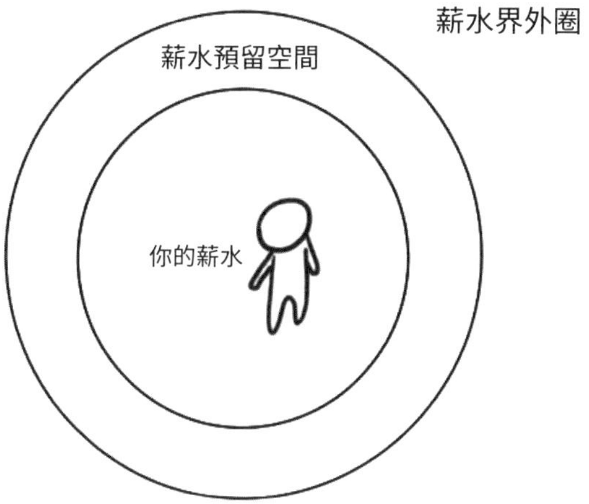

薪水界外圈

薪水預留空間

你的薪水

總結來說，當你覺得公司真是小裡小氣，多給個一千兩千像是公雞拔毛似的，不如想想，到底你自己有什麼能耐讓公司願意多給你點錢，不可否認，你的薪水或許不如想像中的高，但那很可能是因為老闆留了一手「預留空間」，這空間是讓你加薪、升官或是隨機給獎金用的，你的加薪要求若落在這範圍內，應該都是有得商量的，就怕你的自我評估和老闆不一致，一開口就想要到薪水界外圈，那麼就恭喜你，開始去找下一個工作吧！

這也不是壞事，說不定下一個工作的主管／老闆，更肯定你的經歷也說不定！

大部分的老闆都很寂寞，真的

你可能以為老闆總是氣勢很強，不需要被人肯定，但相信我，他真的想被稱讚想得要死！

「快快！老闆今天生日，一定要記得傳祝福簡訊給他，一定要，不要忘記了喔！」我剛進那間公司不久，隔壁座位那個鬈鬈頭同事慎重其事地叮囑我，好像在交代什麼了不起的大事。

「幹嘛這麼緊張？」我的意思是，不過就生日簡訊嘛，又不是什麼幾千萬的單子會掉業績。

「噢，那是你不知道，去年我們忘記祝賀他生日，他氣了一個月，天天找我們麻煩！」同事說，去年主管生日剛好是農曆年假的後一天，結果大家都還處在剛放完連假的興奮情緒，根本壓根忘記是老闆生日，據說那天老闆還特別有意無意地問大家「要不要一起吃午餐？」，沒想到其中兩個不識相的同事紛紛拒絕，說中午另外有約，最後午餐沒約成，第二天老闆一到公司就開始瘋狂釘人。

　　這還不是特例，後來我在職場上又遇到另一個老闆，那老闆也有類似的症頭，特別討厭落單，例如他有時會跟我們一起外出用餐，通常大夥都會很自然兩兩並行，但若一起外出的人數是奇數（3／5／7……）那就千萬得注意，要有人陪老闆一起走，千萬別讓他落單了，否則他一個不滿意，大家皮就得繃緊。

　　還記得有次尾牙，我們這部門配額三桌，沒想到老闆居然七早八早就到了，他先入座了第一桌，後來同仁陸陸續續到現場，一看老闆在第一桌，拚了命地就往二三桌擠，大家內心OS都是「不想跟老闆同桌，很有壓力」，後來眼看著尾牙活動正式開始，老闆身邊空空的沒人坐，第二三桌反而爆桌多擠了好幾個人，第二天上班，老闆立刻大發雷霆，「你們這群不識相的，尾牙這樣坐位子？簡直讓別的部門笑掉大牙。」

Well……事實上就是因為老闆太兇悍了，所以還真是沒人想坐他旁邊。但看在老闆眼裡，下屬這些行徑可不只是「敬畏」而已，而是突顯自己被排斥和不被接納。

通常EQ好、以身作則或是渾身散發熱情樂觀領導力的主管會比較受到員工歡迎，但有些說話機車、看起來很Bossy、動不動就針對性地拿員工開刀的主管，卻可能更需要員工肯定。心理諮商師許皓宜就曾經寫過一篇專欄，她說，其實性格機車的主管往往有一顆更加脆弱敏感的心，那些針對性的發言常是因為「太有情」、「太投入」但卻又不知道該如何好好表達自我（也許過往也有一些心理創傷沒有被治癒），因此錯用尖銳的溝通方式試圖讓員工「聽進去」他想說的話。

當然，如此一來絕對是反效果，變成負面情緒循環。

不過也有一些例子是因為主管本身的高位和年齡世代差異讓他們比較難交到朋友。之前曾在英國《衛報》看到一篇讀者投書，來稿的是一位經理（大概太害羞了，所以匿名發文），他提到自己越來越不想上班，因為他原本在辦公室有兩個可以一起吃午餐的好友相繼離職到別的城市上班去了，身邊舉目所及都是一些年齡比他小了十五到二十歲的員工，當然，可想而知這群死小孩根本就沒辦法分享他的心事，說真的，也沒人關心他的煩惱，「反正你是經理，你本來就會那些吧！」他側面得知這些年輕的同事們下班都會相約去Bar小酌一杯，但從來沒有人邀請他，從來沒有。

根據美國心理協會對職場心理健康的分析，他們發現中高階主管往往是最容易遭遇「職場孤單」問題的一群人，一方面由於他們原本就較獨立，且與身邊的人保有競爭意識，好處是他們容易因此爬到高位，但另一方面，他們可能就比較無暇顧及社交；另一方面又由於世代交替，若是沒有跟自己類似階層的朋友、下屬又比自己年輕了一個世代，那這種孤單的情況便更趨嚴重。而這些壓抑和孤單的情緒因為特別難對外界求救，所以時常引發許多心理疾病，例如憂鬱、或各種飲食睡眠失調……

職場心理學領域的專家指出，不管是主管還是一般員工，都需要在團隊裡面找到歸屬感和能力認可感。能力認可感相對有較為明確的指標，例如業績達標、升遷……相較之下，歸屬感反而較難被證明，特別是職位越高往往就像高嶺之花，越難以親近。

好吧，言歸正傳。

如果你自身發生了這種情形，我會建議你可以參加一些同溫層的活動，例如公司外的一些主管小聚，或是在公司內發起一些員工彼此關懷的活動。我曾經待過一家有趣的公司，會不定期舉辦一個月的小天使小主人遊戲，在這個月內，你必須照顧你抽到的那位小主人，儘管他不知道你是誰，但收到你的小紙條、小禮物，都會覺得感動，一個月之後你可以選擇揭露自己的身分，也就在公司多了一個意義不同的好朋友。

若是你發現身邊的主管老闆們有類似「孤單寂寞覺得冷」的症頭，不妨找機會跟他小小互動一下，例如在茶水間、電梯內或是加班的晚上，只有你跟他兩人的時候，找個小事情讚美他一下，跟他說說你有注意到他的一些小事情以及你對他的讚賞，或是記得他的生日、他的就職日，或他小孩的活動，和他聊聊或簡訊問候一下。

請勿隨便拍打你的主管，但歡迎用關心餵食他。

萬一，你老闆的成功來自不擇手段

狼性不等於不擇手段，如果你的老闆是狼人，聽我的，快跑。

「你知道×××倒了一堆公司然後消失不見落跑了嗎？」前前前前前前前廣告公司的同事丟訊息問我，順手還發給我一個新聞連結。我看了網路新聞，大吃一驚。「什麼？就是那個很愛在窗邊抽菸，然後喜歡帶女生去男客戶那邊那個×××嗎？」曾經認識的人居然成了新聞裡捲款潛逃惡性倒閉的主角，簡直像電影劇情。

「就是他沒錯，千真萬確。」據前同事說，倒閉這事情毫無預兆，那天公司其他副總、經理、同仁都還進公司，沒想到就傳出老闆消失不見人影的事。

我開始回想起跟那位前直屬主管共事短短數個月的過往，其實他是個嚴謹的人，業務背景出身，但是為人不像傳統業務性格，他特別沉默，甚至給人有點不善言辭的印象，但心思卻異常縝密，印象所及，他跟掛名的老闆兩人是多年換帖，後來又一起出來開公司（最後兩人一起落跑），公司的財務是他負責的，他對我們這些下屬的要求也極高，任何一點數字、Excel隔線格式都不得馬虎。

那是我大學畢業後的第一份工作，做了四個月之後離職。

離職的表面原因是我不耐操，受不了工作繁重遞了辭呈，但我不曾告訴他人，此事另有隱情。

那次我們希望能幫客戶的產品做節目置入，廣告公司做商品置入並不稀奇，只要把客戶預算發給願意合作的節目製作單位就是了，但我主管把我找去，鬼鬼祟祟地說，「那個製作人對你印象如何？」

「應該還不錯吧，上次開會還有說有笑的。」我當時只是個菜鳥，搞不清楚主管問這問題的用意。

「那，你要不要試試，用不必付廣告費的方式讓他幫幫我們？」主管欲言又止地問我，態度頗為可疑。

「那……是什麼方式？」我傻傻地回問。

「就……用魅力囉，你長得那麼漂亮。」

「可是……對方在外面名聲不太好耶，我覺得這樣有點引狼入室，不好吧。」我很快地拒絕了老闆。

「是嗎？你真的不試試看嗎？」我看著老闆這麼說，不禁皺起了眉頭，難不成他剛剛沒有聽懂我說的話嗎？對方花名在外、惡名昭彰耶！我這不等於羊入虎口嗎？

一直到很久以後，當我對人性、男性、職場、金錢與權力的理解更成熟之後，我才明白，那位前前老闆是刻意的，正因為他知道那位製作人能用女色搭上線，所以才慫恿我去。

而正直與傻氣救了我。

在我直截了當拒絕了老闆之後，辦公室裡的日子就不太好過，很快地我便離開了那間公司。

後來十幾年的職場歲月，我領悟了一件事：**如果一個人願意為了成功不擇手段，他一生不會只幹一次那樣的壞勾當。**

換句話說，一個人的行事風格有跡可循，若某人大腦裡所建構的成就欲望、私人利益追求遠高於社會道德感，那麼一次又一次地在模糊地帶遊走，甚至幹下非法的勾當，都不令人意外。

不知道你是否記得，多年前一位出演韓版《流星花園》而聲名大噪的南韓女星張紫妍自縊身亡的新聞，她留下滿滿的控訴遺書，內容直指經紀公司逼迫她陪睡，陪睡的對象多是南韓企業界赫赫有名的大老闆們、以及電視電影圈的導演和製作人。張紫妍所受到的待遇簡直讓人難以想像，不只被經紀公司灌藥、暴力相向，甚至在父親忌日的時候，她仍然必須去陪睡、一天被迫跟十幾個人發生性關係，據說壓垮這位年輕女星的最後一根稻草是她被經紀公司帶去結紮，只為了讓這些富商巨賈能無套玩得更盡興。

她的經紀人辯稱這是因為張紫妍一開始很乖好配合，願意為了演出機會而犧牲，所以他才繼續接頭。而傳出涉入其中的韓國樂天集團創始人父子，雖然逃過張紫妍陪睡一案，但在多年後也因為涉貪而遭到判刑。

當一個經紀人會對旗下藝人提出「陪睡換取演出機會」的時候，他肯定會為了利益做出更加殘忍的行動；而當一個企業家會玩弄女星至此，他必然不會在商場上有什麼廉潔的操守。

想想那些貪瀆的總統、總理，你會發現，**有問題的人總是有更多的問題。**

ＯＫ，那如果我們發現自己的老闆真的是個道德特別有瑕疵，老愛鑽法律漏洞或是佔他人便宜的話，該怎麼辦呢？

我想，最好的答案就是：盡快離開。

你在一艘船上，搖搖擺擺地航向遠方，此時船長出現奇怪的舉止，不停地敲打船隻，讓船身開始出現裂縫，儘管那還是個小縫，不影響船繼續航行，但船長持續不斷的敲，裂縫越來越大，我不相信你不會害怕，你只是說服自己這樣不至於有問題而已。

但我得告訴你，不會的，這一切不會太平，船長的一言一行都可能會影響你，甚至讓你以為那瘋狂的舉動是開船的必要程序，你若不是成為受害者，很可能就會被同化成為另一個瘋狂的人。

親愛的，聽我一句，你值得離開一個讓你不安的地方，過得讓內心更加安穩踏實。

比起相親相愛，有些老闆更愛下屬互鬥

人前兩肋插刀，人後使勁捅刀。你的同事會是另一隻不讓你爬出桶子的螃蟹嗎？

你一定聽過很多商管書籍鼓勵老闆和主管要讓員工團結，彷彿所有成功的領導者都是走相親相愛的路線，但殊不知，不少老闆更喜歡讓員工彼此競爭，甚至彼此背地攻擊對方。

最有名的例子，是美國電商龍頭AMAZON，從一介電子書商起家，如今AMAZON已不只賣書，還賣電子閱讀器，成為電商平台、發展影音串流、收集大數據、設計人工智慧家庭助理（AMAZON ECHO）……左打Walmart，右打APPLE Siri、前攻Netflix、後襲Google（根據媒體報導，AMAZON已經成功挖掉Google產品搜尋那塊大餅，因為美國人搜尋「商品」時，第一個想到的是AMAZON而非Google）。

《紐約時報》在二〇一五年的一篇名為《AMAZON內部：在傷痕累累的職場搏鬥出好點子》的報導，揭露了AMAZON殘酷的公司文化，報導指出，AMAZON內部競爭非常激烈，公司主管也鼓勵員工彼此「撕裂」，無論是在會議室裡批鬥對方的點子，或是私下舉報同仁。他們要求員工在半夜也要收Email，如果沒有及時回覆也可能被上司怪罪。

那篇報導形容，AMAZON的企業文化奉行「目的性的達爾文主義」，也就是在職場裡只有適者能生存，一位AMAZON的主管說，「對一間這麼大、如此需要開創性思維的公司來說，太多任務都像是要把月亮射下來那樣困難，過程中當然會充滿挑戰，很遺憾許多人根本不適任。」

另一位曾經任職書籍行銷部門的前主管則回憶，「我從來沒有遇過一個沒哭過的員工，幾乎所有的同仁都曾在自己的桌上掩面痛哭。」有些罹癌、流產或生活出現突發狀況的AMAZON員工更是形容，當他們遇到人生難題時，公司毫不留情地直接將他們邊緣化，並沒有多給他們一些時間來從不好的狀態裡復元。

如果《紐約時報》的報導屬實，那麼AMAZON確實走在資本主義發展的極端上，他們的管理方式無異於工業化時期將員工視為機器一般操練，儘管工業化時期員工付出的多是勞力，如今貢獻的則更加上各種腦力和創意。

許多台灣的老闆也有類似的習性，他們或許賺得沒有AMAZON那麼多，事業版圖也沒那麼廣，但骨子裡想用撕裂的方式達到資方最大利益的基本邏輯其實並無二致。

例如說，有些公司老闆特別喜歡讓其中兩位副總、兩個團隊或兩個部門互相較勁，又或是喜歡故意同時用A的成果去激B，再用B的反擊來激A，透過A和B兩個團隊誰也不讓誰，來讓組織達成最大的收益。

你說，難道A和B就那麼好被擺佈嗎？他們為什麼不聯手一起反抗老闆呢？

或許「螃蟹桶理論（Crab bucket）」可以解釋這點。

當一個水桶裡只有一隻螃蟹的時候，只要你不蓋上蓋子，這隻螃蟹通常有很高的機會得以脫逃，但所謂的「螃蟹桶理論」，就是把兩隻以上的螃蟹放在同一個水桶裡，而且不加蓋，你猜結果如何？也許你直覺會認為：既然一隻螃蟹就能逃，那麼好幾隻螃蟹肯定疊一疊就更容易溜走吧？

錯了，實情是當有很多螃蟹在同一個水桶裡的時候，無論哪一隻螃蟹奮力爬到最高處，都會被下面的螃蟹給一股腦地拉下來，沒有任何一隻螃蟹想看別的螃蟹爬得比自己高，他們把爬上高處的人拽下，寧可全都出不去，也別想有人率先找到出口。

「螃蟹桶理論」聽起來是不是很熟悉呢？在互鬥嚴重的工作場域裡，這種兩敗俱傷的故事遍地都是。

互鬥的環境或許能夠讓公司績效短期快速上升，但長久以往，無形的資產損耗卻非常嚴重，包含職場氣氛、員工對公司與同仁的信賴與快樂指數都會迅速下滑，造成異常快速的流動率，當人員快速流動的時候，無形中就反向增加了公司的負擔，包含員工的訓練成本、錯誤成本、公司外在形象受損，以及離職員工帶走機密知識與客戶等潛在風險。

事實上這些刻意讓員工彼此攻擊的老闆們，雖然或許是出自管理上的策略，但另一方面也很可能是因為自信心較為不足，個性負面悲觀，總覺得自己「聽不到真話」，認為透過非正常管道（打小報告、黑函……）才能知道真相，他們覺得自己將員工玩弄於股掌之間是最聰明的做法，殊不知當員工發現老闆的習性之後，很可能反過來用謠言操控老闆。

Crab bucket/ crab mentality 螃蟹桶理論

當我們遇到這種不讓天下太平的老闆時，不妨先想想，他的出發點是否真的是為了刺激公司發展，還是只是性格上的偏差；然後再問問你自己，這種動盪的職場環境真的是你想要的嗎？

套句AMAZON的員工所說的話，「習慣了這種恐怖文化之後，再去其他公司工作，莫名還會有點懷念以前那種被操到掛掉的地方，覺得好像那樣才叫『工作』。」

我只能說，每株植物都有各自適合生長的土壤和環境，就看你喜不喜歡那樣鬥下去了。

到底他是你老闆，還是我是你老闆？

有時候莫名其妙就被主管罵了，很可能是你沒有搞清楚那些「看不見的事」。

「你沒有別的事情要做嗎？為什麼這麼急著把這份報告交給他們？」主管把我叫到辦公室裡質問。

「我……動作一向很快啊……」我不太明白，怎麼動作快也錯了呢？

主管口中說的報告，是一份我們必須交給新加坡區域負責人整合，再由新加坡方整理成報告給英國總部的資料，而我的主管則是台灣區負責人。

「有需要那麼快給他嗎？以後他的事情不用太急。」主管說完就叫我離開辦公室。

說實話，當時的我簡直一頭霧水，平時總是叫我「快快快，趕緊交報告」的主管，怎麼突然就不急了呢？這明明是要交給區域辦公室的資料呀！我那時在職場還算青澀，「區域辦公室（Regional office）」聽起來簡直像巡撫或督察大人那樣又高大又威風，大人交辦的事情怎敢不辦？

如果你也跟我是一樣的想法，那麼只能說你也太嫩了。

在職場裡最困難的事情，就是站在主管的角度看事情，下屬看似覺得重要的事情，在主管的眼中未必重要，下屬覺得根本沒什麼的枝微末節，卻很可能是主管眼中的大事。

就拿這件事來說，區域負責人搜集亞洲數十個不同辦公室的資料彙整，最後呈交給總部的時候，業務表現（Performance）是記在區域辦公室和這位負責人頭上，而不是任何一個單一的在地辦公室。

說白了，區域辦公室既無法協助在地辦公室業績（有些在地辦公室甚至還被規定要「上繳」一些利潤給區域辦公室），又沒有權力管理在地辦公室，在一個什麼資源都沒有，還要瓜分他人利潤的狀況下，在地辦公室主管不怎麼熱情似乎也就不難被理解了。

簡言之，不是不要協助對方，而是不必對對方那麼百依百順。（也就是在明白這點之後，我對區域辦公室的職務便不再那麼憧憬了。）

當然也有相反的例子，有時區域辦公室掌握了生殺大權，由區域辦公室負責比稿，將區域所有的案子都委由另一家國際型的大型承包商，像是廣告產業、審計產業、調查研究產業……都可能會是區域接案發包給在地辦公室，此時就由區域辦公室扮演業務的角色（賺錢回來），在地辦公室就必須多多配合。總之，誰賺錢，誰講話就比較大聲。

剛入行不久的新人通常搞不清楚各方權力關係與主管的心思。我曾經遇過一位年輕的同事，就在這方面被「磨練」得非常久。當時他剛從名校畢業不久，進入公司後表現得十分有企圖心，不只對自己部門的人特別禮貌，甚至連對其他部門的人也花了不少心思，時常可以看見他在茶水間跟其他部門的人有說有笑，主管見他熱情洋溢，便交辦他一些需要跨部門合作的工作。

一開始我們對於這位年輕同事能夠認識不少其他部門的人，並且擁有不錯的關係感到滿意，但沒過多久，因為一項產品在市面上的反應不如預期，我們行銷部和對方產品部門開始「檢討對方」，兩個部門都不想攬下所有失敗的責任，而這位年輕的同仁居然因為有私交，所以私下協助產品部門搜集一些相關的資料，讓主管非常火大。

「到底他是你老闆，還是我是你老闆？」這是大部分職場菜鳥都會被罵的問題，但若不時時謹記，便時常可能混淆自己的定位，職場畢竟不是學校，在和諧的表面往往充滿了危機四伏的權力與鬥爭關係。

跨部門的合作案本身也是個陷阱題，任何有經驗的職場老手都知道，跨部門除了要彼此合作之外，同時也不能「寵壞」其他部門，有些部門派出來的窗口勤奮，有些部門派出來的窗口則特別愛推掉工作，此時重要的是先弄清楚自己在這個案子裡到底是「主要單位」，還是「支援單位」。如果是主要單位，便要對各部門的分工、時程、表現、人員有清楚的掌控，必要的時候暗示老闆去其他單位打個招呼；若是支援單位，則不用把工作都攬來自己身上做。

我曾親眼目睹一位新來公司不久的ＩＴ在跨部門會議上信心滿滿

地攬下一個不該攬的責任，「這簡單啦，我一個人一個下午就可以搞定。」聽得我們其他人都為他捏一把冷汗。果然，散會不久後他便寫信給所有其他與會的人，「很抱歉，由於我的疏忽，剛剛在會議上提出了錯誤的時間，根據我們工程部的排程，將會改到下週五交案。」

我相信這位心直口快的ＩＴ其實真的一個下午就可以搞定這件事，但問題是，他主管肯定不會讓他這樣逞英雄，因為一旦這麼做便把標準拉高了，未來其他部門就知道「原來你們一下午就能搞定，那麼以後就都只給你半天時間了」。

你寵壞了其他部門的人，未來累到的不只是自己，還有自己部門的所有人。

唯一的例外是，這案子是由最上頭的大老闆親自交辦一級主管，有時大老闆會因為時局、新的商機或各種理由而臨時需要安插新的工作項目，此時員工並不知道背後的原委，但大老闆既然特地找人立刻處理，就顯見此事非同小可，即便是跨部門合作，人人也都會搶著做，才有機會立功，因為做得多的人就能報告得多，發揮得多，有機會升格成大老闆的心腹愛將。在職場裡，機動性質的案件，總是比常規性的案件更容易得到注目。

越大的公司往往越像宮鬥劇，眼觀四方仔細觀察，儘管消息聽得多也不要隨意亂說，才是最聰明的生存之道。

老闆可以平易近人，但你別想稱兄道弟

在職場裡面最常聽到的謊言就是：「別把我當老闆，上司跟下屬是平等的。」

有個小我好幾歲的朋友換了新工作，「新工作如何？」我問。

「很不錯，老闆人很好，他說我們公司是新創事業，要『去掉階級』，人人都平等，希望我們別把他當老闆，當朋友就好。」朋友興高采烈地說，我聽到這卻不由得起了疑心，偷偷瞇起眼睛。

不單純，這事情絕對不單純，在職場裡，永遠不要幻想老闆會是你的朋友。唯有當至少一方離職之後，你們才有可能真正變成朋友。

我的疑心是有道理的，兩個月後當我再見到那位朋友時，他當初高昂的情緒已不復見，「怎麼了，工作還好嗎？」

「最近不太好，老闆很專制、很Bossy。」他搖了搖頭。

「可是你之前不是說他人滿好的嗎?還說要你們把他當朋友?」

「就是因為把他當朋友，所以加了他臉書，還常跟他一起吃飯，跟他分享許多生活跟想法，沒想到這樣反而讓他抓到小辮子來修理我們。」

朋友說，一開始老闆確實沒什麼架子，甚至還可以彼此開開玩笑，但有一次老闆自己忘了跟客戶有約，把兩個行程卡在一起，他為了緩頰，便開玩笑跟老闆說，「出包了吼，我罩你啦。」當時老闆的臉色瞬間變了，不久後就把他叫進辦公室大罵。

「什麼叫作你罩我?你領我的薪水本來就該幫老闆分擔工作，難不成我還欠你人情嗎?」那是朋友第一次從老闆口中聽到他稱呼自己是「老闆」。

「這事情有什麼好驚訝？難不成你真的以為老闆會忘記他自己是老闆，而你是員工嗎？」我認為，會把老闆那句「別把我當老闆」當真的人才是真的天真。

自此之後，朋友在公司便沒有什麼好日子過了，某個週一早晨朋友晚了一點到公司，老闆便拿出他臉書的動態修理他，「怎麼樣，週末跟朋友去狂歡玩到沒力是嗎？」

或是拿朋友洩漏自己離開上個公司的理由來諷刺他，「你前老闆恐怕沒問題，而是你自己有問題吧。」

說實話，職場裡類似這樣天真的人還不少，我看過公司裡年輕的下屬出門不帶名片，「為什麼不帶名片呢？」，「因為……你也沒有帶啊。」

可是我是老闆，老闆可以不帶名片，不代表員工可以不帶名片。老闆不是你同學，不是他能怎樣你就可以怎麼樣。老闆即使帶了名片，對方窗口也不會直接聯繫老闆，你不帶名片，請問對方如何聯繫你？

除了基本禮儀之外，有時員工也會因為主管態度和善而誤以為自己有跟上司平等的對話空間。

曾看過職場裡有主管幫下屬把一封寫得很不妥的商業信調整好之後，請下屬重新閱讀修改前、後的信有什麼不一樣，希望他從中學習如何把「必須婉拒別人」的商業信件寫得更好。結果下屬傳了好長的簡訊給主管，大意是說，「我想是因為我跟你個性不一樣，所以對這件事看法不同，我更幫別人想一點，而你可能因為太忙所以講話比較直接。」

不寫簡訊還好，一寫還真發現這下屬確實掌握不了如何用文字跟人溝通，順便激怒主管。

首先，不管是老闆還是主管，**你們的權力始終是不對等的**，他可以叫你做事，你不能叫他做事；他可以安排你的時間，你不能安排他的時間。如果你不承認這樣的不對等，也不過只是假裝沒看到而已。

其次，當你的上司就事論事交代你一件工作時，務必「**就事論事**」來回應，以這封商業信件的例子來說，你該做的是對照「修改前」和「修改後」兩個版本的信，把每一段信件的用意、目的逐一分析，來回答主管，到底兩封信有什麼不一樣，並且別忘了寫上修改後的優點在哪裡，以及修改前可能少了哪些部分。

第三，**不要隨意把主管在工作上教導你的事情轉回個人層次**，當主管是個就事論事的人，而你企圖要用「個性上的不同」來解釋差異，不只意味著你根本不知道自己的缺失在哪，還隱含著你覺得自己跟上司是平起平坐的身分。

既然上司認為修改過的版本是好的，而你是下屬，你有義務先好好弄清楚為什麼上司覺得那樣改比較好，除非你參透老半天還是不知道修改後有哪裡好，我會建議你懷抱著謙虛而誠懇的心，跟上司請益修改後的優勢在哪裡？

萬一上司說明完之後，你仍然無法買單他的說法，你應該視情況再跟他說明一次自己的想法，如果他不接受，抱歉，你還是得照他的做，他是老闆、是上司，而你是領人薪水的受薪階級，不然，你鋪蓋捲捲，自己當老闆好了。

（當你自己當老闆之後，就會知道，那些B2B（Business to business）客戶們或是B2C（Business to consumer）的消費者們，更是沒完沒了的「老闆們」，可不是只搞定一個人就能了事，而你再也沒有一個「上面的人」幫你扛。）

在職場裡，上司跟下屬永遠不可能成為真正的朋友，還有另一個重要的原因，便是「企業管理」基本上跟溫暖人性時常背道而馳，例如為了業績，必須扶強汰弱，或因應趨勢必須組織重整、裁撤不需要的人力，招募有其他專長的人才時，上司不免得扮起黑臉，進行管理職責，而「管理」通常必須「改變現狀」，不會讓員工心理感到太舒服。

你很難想像一對好朋友，其中一個把另一個裁了、減薪或是調職他方，結果兩人還能繼續維持不變的情誼。

地位的不對等、權力的不同，便足以讓「老闆和下屬也是好朋友」這件事宛如神話了。

據說他黑白兩道通吃，而且跟大老闆很熟……

遇到那些標榜自己跟主管很熟的廠商，不必太慌張，把該演的戲演足，讓人人都有台階下。

在我的職場生涯裡，有一段時間過得滿高潮迭起，那間公司非常有意思，什麼事情都可能發生。當時我在行銷部門，負責規劃廣告預算，當然，我只不過是個執行者，真正有權力分配好幾億預算的是我主管，以及我主管的主管。

某次我們在分配年度預算的時候，另一位同仁看了一下我剛做好的分配表初稿，意味深遠地笑著對我說，「我跟你打賭，這張表肯定不會通過。」那時我剛進公司三個月，是我第一次做年度預算分配。

「為什麼？」我想，難道我的分配表真的差勁得光看一眼就覺得不行嗎？「哪裡要改呢？」

「我不能說，你要自己體會。」那位同仁以前也做過我正在做的這份工作，他的話可信度不低。

我懷抱著忐忑不安的心情，把預算分配表送進主管辦公室，然後默默回到座位上。

半天後，主管把我叫進辦公室，「坐下，說說你怎麼安排這張預算的？」

我老老實實地坐在主管旁邊，依據媒體數據、過往表現、版面位置與預算配置，一一分析給他聽，「那個××媒體呢？為什麼這次沒有排進去？」主管忍不住打了個岔。

「因為他們單價比別家高一些，效益也跟其他媒體差不多，所以我想今年可以換其他的媒體試試看……」

「嗯……」主管貌似思忖了一下，點點頭後就叫我出去。

看到我走出主管辦公室，那個說我肯定不會過關的同事好奇問，「怎麼樣？預算分配表有通過嗎？」

「沒說不通過耶！滿幸運的。」我沾沾自喜，覺得那位同事真是個悲觀主義者。

「噢？嗯，那就……恭喜你啊。」同事微微提高了語調，我聽得出他的不以為然，以及「這件事肯定還沒結束」的弦外之音。

第二天一早，秘書急急忙忙問我們，「主管在哪？」

「應該在樓上開會吧，怎麼了？」我說。

「浩哥要找他。」秘書指了指門口方向。

「浩哥？」這名字我第一次聽說，於是我順著秘書的手往大廳的方向看去。

那是一位穿著白襯衫，上了年紀的斯文男性，一派自若地坐在大廳裡。

我心裡犯嘀咕，「奇怪，通常主管對於沒有預約就想見面的人總是不假辭色的請退，怎麼今天秘書這麼慌張？」還沒回神，此時昨天提醒我預算表的那位同事已經迎上那位訪客，以熱情洋溢的語調招呼，「哎啊，浩哥你來啦，好久不見！」

「是啊，好久不見，我給大家帶了點喝的。」浩哥拿出幾杯飲料出來。同事看到我在一旁，招了招手要我過去，「浩哥，我給您介紹一下，這位是你現在的窗口，換成女生了，要好好照顧她噢。」

我趕緊跟浩哥握手致意，浩哥的手掌出乎意料的結實有力。

這一切都太奇怪了，理論上我們是掌握預算的客戶，大多數的時刻，當我們和媒體業務們見面時，都是媒體業務會特別熱情寒暄，深怕招呼我們不周。唯有面對浩哥，換成我們畢恭畢敬。

儘管我剛加入那個公司，但也已經不是初出社會的毛頭，我知道這件事有點「不尋常」，必須好好探究一番。

主管總算回來了，果不其然，主管將原本預約好的排程擱著，先讓浩哥進辦公室會晤。

「浩哥到底是何許人啊？怎麼大家都對他這麼『敬畏』的樣子？」我問同事。

「你不知道嗎？浩哥黑白兩道通吃，而且跟大老闆是好朋友呢！」同事這麼一說，我立刻想起那張預算表……慘了，死定了，我刪掉的就是浩哥所屬的公司。

（有件事情實在很微妙，公司明明不是在做什麼八大行業，但不知為什麼，聽到「黑白兩道通吃」這個形容詞就莫名令人寒毛豎起，肅然起敬。想來我大概天生帶了一點小孬孬的DNA。）

「那……你覺得他今天來做什麼？」我問。

「當然是來確認年度預算不會漏掉他們家囉！」同事看著我，不懷好意地笑著說。我用求救的眼神看著他，不確定我臉上是否因為太過激動而出現扭曲的表情，「所以你早就看出我原本的預算分配表會有問題嗎？」

「我也不能確定啦，我只是知道我們家主管也對這件事情有點煩惱。」職場裡一旦遇到預算上的事就特別麻煩，廣告預算又因為發生得特別頻繁、格外細節、專業判斷度又高，無法每次都搞成標案或採用價格標。

秘書跑來找我，說主管要我拿預算表初稿進辦公室。我只好冒著冷汗把預算表初稿呈進去。

「你說說，這次為什麼把××媒體給拿掉了？」主管又看了一次這份預算表，然後抬頭問我。

我記不得當時自己的聲音有沒有發抖，但總之我緊張地重述了一次我的「專業判斷跟分析」。

好吧，壞人都讓我來做好了。那一刻，我彷彿看到自己捲舖蓋走路的畫面……哎，還是回家打開104的網頁好了。

沒想到浩哥聽完我的報告，當下並沒有馬上說什麼，既無辯解，也不激動，只是意味深遠地笑了笑，看著我主管，「我明白你的意思了，價格的部分我會回去跟公司爭取一下。」說完浩哥便起身要離去，離開之前他笑笑說，「你們大老闆今天在嗎？幫我聯繫他秘書，我找他敘個舊。」

你問我，浩哥後來到底有沒有去找大老闆敘舊？我哪知道。但在場的我們，倒是都聽到這句了。

在職場上遇到下游廠商跟上司相熟是一件麻煩的事，他們到底有多熟？上司是否真的授意？還是那只是下游廠商的話術？做為一個下屬，你很難有機會知道這些問號裡的答案，但再怎麼說，你是沒有能耐冒風險得罪一個這樣的對象。

這事你猜最後怎麼解決？

浩哥打了一點折扣，讓他們公司的報價競爭力十足，很合理地又重新回到年度預算上。而我們部門在年度考評的時候，順道便將這筆省下來的預算做為政績。

我記得部門報告時，大老闆滿意地說，「我就說嘛，那家媒體非常老實，我跟他們業務認識很多年了，他們不敢算我們貴。」

想不到吧，在必要的戲碼全演完之後，居然皆大歡喜。
而我誤打誤撞刪掉那間公司的舉動，反而成為議價的契機。
於是，我的舖蓋又重新攤開了。

他不是不收禮，而是你的禮物太便宜

有時我們以為那人很廉潔，殊不知他可能只是因為某些理由，不想收你的禮。

外頭下著滂沱大雨，相約的朋友來遲了，我一個人坐在咖啡店，順便聽隔壁桌一對和我年齡相仿的女性在聊天。

「我覺得你主管真的很正直欸，我們公司送的年節禮盒她都不收。」說這話的是一位皮膚很白，身穿牛仔外套、白色棉洋裝，有著一雙大眼睛的女孩，她說起話來的樣子很討人喜歡，散發一種天真無害的感覺。

坐在牛仔外套女孩對面的，是一個看起來很時尚，穿件貼身黑洋裝，戴著金色圓型耳環，渾身散發女人味的丹鳳眼長髮女子，看不出年紀，貌似年輕但眼神又透露著世故成熟。她笑了笑，「你們公司送什麼？」

「送醬油、辣椒沾醬組合啊，台灣在地小農自製的，很特別喔！我自己超想要的……」牛仔女孩說。

「那就對了，我老闆不是不收禮，而是不收『那種』禮。」

「什麼意思？」

「太便宜了。那些廉價的東西，什麼豬肉乾、牛肉乾、糕餅、便宜的酒……我都會直接幫她退掉。」丹鳳眼長髮美女邊說邊啜了一口咖啡。

「真的嗎？那是在地限定禮盒耶！一個禮盒應該也要一千多塊吧……」

「她上次收了A廠商一支蘋果手機，還有B廠商一個LV長夾。

這樣你就知道，一千塊的禮盒，對她來說只不過是小菜一碟……」

隔壁這桌的對話簡直精采得讓我捨不得移開耳朵，突然萬分感謝這場讓朋友耽擱延誤的大雨。

「所以，你這位特助小姐到底是多少錢以下就打回票呀？」牛仔女孩問。

「不一定，我老闆很講究質感的，而且送禮的廠商也要口風夠緊，否則她哪會冒風險？像你們公司老是派你們幾個小窗口來送，我老闆哪可能收？」丹鳳眼美女說完不忘交代，「欸，我們是高中同學我才跟你說這件事，你可不要講出去喔，我什麼都不會承認的。」

「當然不會講，我跟誰講啊我？」牛仔女孩立刻用手在嘴唇前交叉比了一個×。

我相信牛仔女孩一定會在某個時間點跟某個她也很信任的人說

這事，同時我也深信，丹鳳眼美女不會只跟一個人說這件事。這是職場八卦的真理。

關於送禮這件事，在我看來是非常有意思的，特別是華人社會跟西方社會看待禮物這件事的態度不太一樣，西方人從出生（新生兒禮物派對）、大小節日、各種名義的Party、教會團契或一般社交活動乃至結婚（西方人不包錢，而是提供結婚禮單讓親友「認養」）都非常習慣禮物交換，相較華人來說，禮物並不是一種日常，因此，當華人送禮的時候，那些禮物時常「不只是禮物而已」，而是在背後具有某種更重要、超越物品上的意義，而且更重要的是，那禮物的背後常常隱含一種「期待」。

此話怎說呢？

已故的哈佛大學漢學教授楊聯陞對華人的「送禮文化」研究很

深，他認為「回報」是亞洲文化重要的價值觀和社會基礎。所謂的「回報」也就是人們常說的「互惠原則」，善回報善，惡回報惡，爸媽的養育之恩，子女必須用聽從與孝順回報。

（光想想亞洲跟西方童話故事的差異就可以發現一些端倪，在西方童話，動物若不是人類的好友，肯定就是人類最強的敵人，最後被勇者殲滅顯示人類的英勇與強大。但在亞洲，動物往往不會是人類平起平坐的同儕，也未必是魔王關的敵人[1]，動物在亞洲故事裡最常見的角色是「被施與恩惠」，通常是來報恩的，藉由動物的回報顯示人類的慈悲與維繫良善社會關係的重要性。我們有海量的報恩故事，例如白鶴報恩、貓的報恩、忠犬的報恩、老鼠的報恩、母雞的報

1. 在亞洲的故事裡，若用動物做為敵人，多是以人的形象示之，例如「人變成的動物」或「動物變成的人」，例如牛魔王、青蛇白蛇、各種動物精。

恩……總之你用Google搜尋「報恩的故事」，可以出現超過五百萬筆以上的結果。）

在這樣的社會脈絡下，送禮其實便是拋出一種善意（或恩惠），而送禮的人多半也會預期收禮者反饋某種超越原本關係、更好的回應或實質回報。

西方社會學家Andrew Walder認為所謂的送禮文化其實是「遊走在正規體制下，旁邊所岔出來的一條小徑」，例如說，在一間工廠裡，工人理論上都要做性質類似、分配好的任務，但因為「送禮」這種「儀式性的賄賂」，而使得某些工人可以獲得意想不到的好處，例如可以做少一點或是分配到輕鬆一點的差事，久而久之，開始越來越多人會開始送禮，而權威者高高在上的地位也因此更加受到鞏固。

所以，千萬不要小看職場的禮物文化，背後可是有極深的學問和人性。

但話又說回來，關於送禮與收禮的奧義，其實是很多人難以參透的環節，我們總說「禮多人不怪」，但有時送得多不如送得好。

送禮往往有兩個層面需要考量：

第一層：「送禮者與收禮者之間是否有利益關係？」

例如說，收禮者是否握有實質人事權、預算權、評審權、否決權……而你必須「仰人鼻息」獲取好處？又或是你們並沒有這層關係，單純的只是想在年節致意表達感謝？若是後者，事情便單純得多，對方只要收到你的心意即可，但倘若是前者，恐怕就要往第二個層面思考。

第二層：「收禮者是真的清廉不收禮，還是有種種原因讓他不收你的禮？」

有些掌權者明明想收禮，但行事謹慎，掌握度不夠高的送禮者不收、不是透過中間值得信任的白手套不收、價格不夠高到讓人滿意者不收……總之，你想送禮，別人還不一定想收你這個禮，通常行事越低調謹慎的人，越難讓人送到禮；而那些大門敞開，很容易就見到人送到禮的人，總是特別高調張狂。我就不用提醒你那些因為收賄坐牢的官員，是多麼大意，居然傻到親自出馬跟人討論賄款價格。

至於這些猖狂的收禮者，我的建議是不必理他，能閃就閃。收禮是兩面刃，「取人財物，替人辦事」聽起來簡單，但要辦到雙方都滿意恐怕不太容易。一旦不滿意，送禮者隨時都能翻船，咱們就等著看，通常囂張的時間都不會太久。

報告老闆，他哭了！

淚水是辦公室裡偶爾出現的橋段，效果兩極，操作敬請小心。

某天下午我跟主管一起去客戶端開會，在計程車上我們有一搭沒一搭的聊著，「像你跟Ashley、Petty三人都很有潛力，是公司重點栽培的員工。」主管對我說。

聽老闆這麼一提，我突然想到什麼，轉頭跟老闆說：「對了，昨天晚上我在辦公室看到Petty好像在哭……」當時我剛進職場不久還不太世故，一不小心就爆同事卦。Petty是一個比我早三年進公司的前輩，台大畢業，工作認真嚴謹，雖然不是一個很有幽默感的女生，但有什麼不懂的地方去請教她就對了，即便她不清楚，也會幫忙找出解答。

「在哭？為什麼？」主管問我。

「好像是工作壓力太大，她說客戶實在太不可理喻，可能一時氣不過來委屈哭了吧。」我試著想像Petty的心情。

「嗯，她是到了該升官的時候沒錯。」主管聽完我的話，喃喃自語地說。

當我聽到主管講出這句話的時候，一時意會不過來，咦？怎麼沒頭沒腦突然提到升官的事？

直到多年後，我也成為別人的上司和老闆之後，再回想起這句話，突然就明白了當年那位主管的意思。

簡單說，在員工哭泣的這種節骨眼，若是公司絲毫沒有表示肯定，很可能就是員工萌生辭意的時刻（特別是在流動率極高、四處都有剛出爐的受氣包的產業，例如媒體圈、廣告業、房仲業、保險業、各種服務業……）。

但如果以為一哭就可以拿翹，你未免就太天真了，員工哭泣是一招險棋，不是大好，就是大壞。

哭泣在職場裡可以佔到便宜的可能性並不多，而且必須平時累積非常多「信任點數（Credit）」之後，才可能讓哭泣這樣的行為產生被讚賞的結果。例如這個員工平日非常堅忍不拔、早出晚歸、從來不喊累也不怕苦、逆來順受，終於有一天爆發了（而且也只能爆發一次，否則第二次就會被歸咎成是你抗壓性太差）。

倘若是一個平常表現尚可，並沒有什麼過勞事蹟的員工，遇到難處就哭出來，恐怕只會落得被認為是性格太軟弱、處事沒有方法、不專業或抗壓性不夠強，尚且無法委以重任的形象。

在員工心中，哭泣或許只是一種情緒抒發的方式，但在老闆眼裡，哭泣卻是更認識員工的一種指標，員工的淚水，同時證明了他的能力和極限到哪裡，以及他是個什麼樣性格的人，當老闆了然於胸之後，便會暗自思考未來該如何「使用」這名員工。

就老闆的立場來說，將重責大任委派給「抗壓性可能不夠強」的員工是一種冒險，可以試個一兩次看看能不能造就一個將才，但如

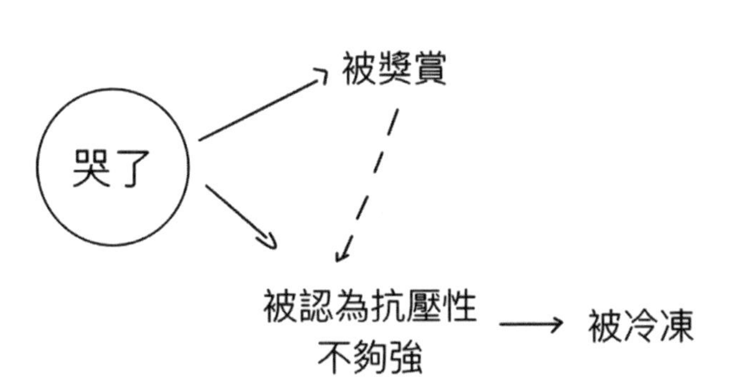

果一兩次都失敗，這員工恐怕就注定去冷宮了。

當然，有些時候眼淚跟專業度或抗壓性並沒有關係，而是為了想「操縱」人而使出的手段。

我曾經親眼看過一個例子：公司的女副總性格非常極端，時常羞辱合作夥伴和下屬，唯獨對某間下游廠商的男窗口說話特別包容，少見尖銳。你或許會猜，可能是因為那位男窗口長得特別帥或嘴巴甜才討喜……錯了，跟美男計無關，這位大哥肚子微凸、髮線稍退、口音稍台，跟帥氣基本上沒有半點關係，平時走的是搞笑路線。但某次和女副總開會，當眾人感到氣氛越來越不對勁，這男窗口居然在一個適當的時機，落下了男兒淚。

不管你怎麼評價這個舉動，總之它成功發揮了效用，後來女副總再見到這位男窗口總是格外克制，大概是中年男人在女人面前流淚的畫面太過不忍卒睹，沒人想再看一次。

儘管明眼人都看得出來，這男窗口的淚水當然不是淚水，而是刻意設計的操控。

那麼，上司到底該怎麼面對哭泣的下屬呢？美國知名職場顧問Liz Kislik曾在《哈佛商業評論》給了一些建議：

首先，**不要對哭泣的員工產生過度反應**。有時哭泣只是員工面對壓力或挫折的一種情緒表達方式，主管不需要特別憐憫他，或是花太多心思去反省或「設身處地」假想自己是對方的心情，其實只需要維持平穩且開放中立的語氣，讓員工知道你明白他現況不好受，會和他共同面對即可。

此外，不要在員工哭泣時詢問他心裡的「感受」，而是應該問他「在工作上的哪個部分需要協助？是否有哪裡不懂或是無法處理？」」。**理性聚焦於工作項目，而非花更多時間處理情緒。**

當員工的哭泣是因為工作沒做好、做錯了或任務失敗而受到壓力，上司不需要覺得是自己「害」下屬哭了而表達歉意，因為事情沒做好就是沒做好，一碼歸一碼，上司可以展現同理心，表達「我懂你的難受」但不需要感到愧疚。

有人說眼淚是珍珠，而珍珠的形成就是異物跑進蚌殼的外套膜裡，使蚌殼受到刺激而產生出一種珍珠質的分泌物；人在職場裡歷練也是這樣的，各種光怪陸離的人事物會不斷衝擊你的舒適圈，而你那眼淚就可能時不時這麼要流不流的憋著，直到有一天，成熟了，你定能成為職場的一顆珍珠。

而在那之前，親愛的，不要隨便亂哭認輸。

關於企業家這種生物

一般人總以為企業家就是吃香喝辣、開名車、擁辣妹，其實真正成功的企業家，跟你想得不一樣。

因為工作的關係，我時常跟形形色色的人接觸，而「老闆」（或負責人）這個族群特別有趣。同樣都名為「老闆」，其中卻有差異，可能是小吃店老闆、傢俱店老闆、中小企業老闆、大公司老闆，甚至是集團總裁。不同類型的「老闆」，往往可能有相差甚遠的經濟實力、社經地位、品味，和習性。

不過根據我的觀察，大公司老闆和集團總裁（姑且合併稱之為企業家吧），卻常有非常鮮明的共通點。

有次我得到一個機會和一位商場上赫赫有名、非常資深，年過七十的企業家總裁開會，他請我和他討論台灣新媒體未來的發展。對我來說，居然能有機會和商場聞人會晤實在太榮幸了，於是在開會之前，我左思右想，細細斟酌應該如何讓這場會議討論的內容更豐富。

不過說真的，當時我心中浮現一股憂慮，不知道這位總裁到底對新媒體了解多少呢？（畢竟我光是教我媽用滑鼠執行「複製／貼上」就教了好幾年……）跟長輩聊新媒體真不是一件容易的事，「或許還要從何謂串流媒體、以及全球最基本的幾家影音內容大企業AMAZON、Netflix、Spotify開始介紹起吧！」我心想。

於是我很詳細地把上述這些企業都做了一番介紹，例如AMAZON如何從書商變成商務平台，又如何轉型成為內容平台和雲端供應商，整套獲利模式都詳列在內，就怕這位長老級的企業家有什麼不懂的地方。

但我顯然錯了。

開會那天，當我正開始介紹這些平台不久，總裁便客氣地說，「這些我都很熟，我們也對其中幾間公司有一些投資，所以可以跳過這個部分。」這是出乎我意料的第一件事。

接下來在開會的過程中，總裁問我：「你的英文好嗎？」

「算很不錯。」我說。

「非常好，如果只會中文，你的市場就只有台灣和華人；如果你英文很好，你就有了全世界。只有華人是不夠的，未來不在亞洲，在全球。」

總裁不只對新媒體觀點十分犀利，甚至還談起應該如何布局全球、影音內容應該往哪些形勢發展……儘管若具體執行起來不會是件容易的事，但確實都是極為精準、新穎且獨到的眼光。你能想像一位七十幾歲的前輩居然對直播、串流影音、區塊鏈、人工智能這些脈動侃侃而談嗎？這是出乎我意料的第二件事。

後來總裁也聽我分享了許多想法，儘管是第一次碰面，但他應該也已對我做出一番研究，他對我說，如果我有任何想法要實踐，他希望能夠參與其中，成為提供我知識、各種資源與人脈的一份子。儘管後來我因為有其他規劃並沒有策劃相關商案，但總裁這番大膽的提議和惜才的態度，是出乎我意料的第三件事。

話題一轉，總裁問起我的興趣，「旅遊之外，平日也喜歡小酌威士忌。」我說。

沒想到他居然開始聊起威士忌的產製過程，以及不同蒸餾器的形狀有什麼差別，日本、蘇格蘭和美國的威士忌又有什麼差異，言談涵蓋歷史和工藝，儼然是個威士忌專家，這是出乎我意料之外的第四件事。

後來當我陸陸續續結識更多年輕或年長的企業家之後，這才發現，原來企業家這種生物，常有非常類似的習性。

首先，他們的**學習之路沒有盡頭**。

曾在網路上看過一句很有意思的話：「許多人其實只活到三十歲，但八十歲才被埋葬。」回想身邊的人，明明二十幾歲時忙著求學、留學、找對象、旅行，人生活力四射，但一過三十歲成家立業之後，就彷彿只為了糊口飯吃而活，從學校畢業之後也不再學習，人生宛如一灘死水。

但企業家通常不是如此，為了佔足先機，他們必須比別人懂得更多、知道得更早。

眾所周知比爾蓋茲熱衷閱讀，他時常會公開分享自己覺得近期最值得閱讀的幾本書，比爾蓋茲曾在一段訪談中說：「我每天固定用一個小時來閱讀，那段時間可能看雜誌文章、書籍、或是有意義的YouTube影片。我邊看書會邊在旁邊標註自己的意見，如果我跟作者意見相反，我就會寫更多，但我堅持，每本書既然打開了就會看到完為止。」

學習不只展現出對世界的好奇心、熱情，同時也是一種虛心、瞭解自己仍有不足的表現。一個覺得自己已經「夠好」的人是無法進步的，唯有意識到自己仍有不足、希望更強大的人，才有進步的空間。

其次，他們的**眼光不會只聚焦台灣或兩岸**。

不知道你有沒有蹲在地上看螞蟻群忙著搬運食物的經驗，你從上方俯視螞蟻群忙來忙去，拚了命也要把餅屑扛回巢裡，螞蟻或許並不知道你正在看著牠，牠們的眼中只有彼此和那塊餅屑。

如果我們用這個例子來比喻，擁有高遠眼光的企業家們就像是做為全觀者的角色，而員工則像是忙碌的螞蟻們，儘管螞蟻之間或許還有一點地位高低或功能差異之分，但如果不試著從更高的高度綜觀大局，永遠都只能是地上庸庸碌碌的螞蟻。

企業家之所以不同於一般的小老闆，便在於他們不只是想賺到錢，更想把事業版圖及影響力做得更廣更大，即便大陸是一個蓬勃的重要市場沒錯，但東南亞、美洲、歐洲甚至非洲也都是思考點，特別是隨著科技和交通進展，疆界與國族對商業的阻礙越來越低。

好比過往由馬雲領軍的大陸知名電商阿里巴巴不會只滿足於中國市場，二〇一〇年，阿里巴巴推出了全球速賣通，直接將中國的商品送往全世界消費者的手裡，二〇一四年，阿里巴巴便正式在紐約證券交易所掛牌上市，鎖定全球的投資者。

除此之外，企業家們**並不只是用商品來賺錢，而是用資產來賺錢。**

企業家累積財富的方式和一般人不同，想到賺錢，一般人或許想到的是用「勞力」、「時間」換取金錢；小老闆們想到的是用「商品／勞務」換取金錢；但企業家之所以能短時間累積財富，最重要的因素是靠「資產」來賺錢。

這是什麼意思呢？

企業家的第一步或許跟一般小老闆們一樣，或許是賣車、賣房子、賣書、賣某種食品、或是賣某些服務來賺錢，但當他們有一定資產之後，他們便會開始投資一些也能自己生財的項目，例如由Sam Walton創立的美國最大零售商Walmart就是如此，打開Walmart的財務報表，會發現這間公司獲利的來源並不只是商品販售而已，它們更在全世界多處投資地產，因此當AMAZON以電商之王的態勢狠狠瓜分了Walmart的市佔率之後，Walmart仍然能因著自身品牌力以及各種資產價值，在財報上表現不俗。

另外也有一些成熟的企業家熱衷於創投，他們或許早就擁有大片江山，但因為看好年輕人才與時代新趨勢，他們願意用一些錢和資源來投資具有潛力的新創團隊，即便投了十個卻有九個不成功也無妨，只要其中有一個團隊成功站穩市場，便能募集更多資金，甚至轉賣團隊給其他大公司，這些後續的利益往往遠比一開始的資助費多得多。在這樣的時代，優秀人才、嶄新且實用的創意與新想法就是資產，也成為企業家生財和延續影響力的管道之一。

除了上述跟商業生涯相關的特色之外，不可忽視的是，**許多企業家都有讓人意想不到的生活見聞、品味或才華**，例如台灣奇美集團創辦人許文龍就是小提琴好手；英國著名上奇廣告集團創辦人

Charles Saatchi是享譽藝術圈的頂級藝術品收藏家；大陸萬科集團董事長王石則熱愛運動，據說他每天早上都要划一個半小時的賽艇，登聖母峰、攀岩也都難不倒他；PChome董事長詹宏志則特別鍾情於料理和旅行。

富有的人不一定能懂得享受生活、擁有嗜好；然而盡情享受在生命裡的人，勢必是富足的。對世界敞開心胸，往往會在不經意的時刻讓人體會更多。

人生只一味關注營業額和利潤的，只能算是一般程度的「稱職老闆」；若能為自己、他人甚至未來人類生命帶來更多祝福與影響的，才稱得上是企業家。

關於企業家這種生物，如果不搞七捻三、妻妾成群的話，確實還滿迷人的是不是？

Chapter
2

那些員工沒有告訴你的事

離職的理由，很少是真的

離職的理由百百種，有真有假，唯一的真實是，只想好好走。

「聽說小亞要結婚了耶！」安琪偷偷靠在我耳邊說，「聽說她要跟老公外派去美國，所以要離職了。」

「好好喔，婚後到美國當貴婦耶！」我不禁羨慕地說。

「對呀！而且她這個離職理由好合理喔，應該可以直接跟老闆講吧！」安琪指的是我們老闆有種無法面對分離的症頭，一旦有員工提離職，老闆就會覺得「被背叛」，剛開始會不斷挽留，好說歹說有時甚至加薪、升官、給長假，若還是不行，老闆就會開始暴怒，總之打從提離職到真正離開那天都不會有好日子過，甚至刻意不給對方好臉色看。

儘管我也不懂，為什麼員工不過是想離職，卻必須搞得像情侶的分手擂台。

果不其然，小亞順利成功離職，還得到老闆的誠摯祝福，創下我們部門裡第一個（也是唯一一個）好聚好散的範例。

其他人可就沒那麼幸運了，像是財務經理安迪離職的理由是要「休養身體」，結果老闆親自上中藥行抓了一堆昂貴藥材給他，叫他不能走，但安迪新工作都談好了，哪能不走？辭意堅決，老闆也發狠，要ＩＴ抱走安迪的電腦，徹夜清查安迪有沒有任何疑似不法的證據，雖然最後什麼也沒發現，但老闆還是狠狠地撂了一句，「如果讓我發現有什麼問題，我就告死你！」

小荷離職的理由是要回去接手父親的工廠，她說父親身體狀況大不如前，全家必須靠她支撐，沒想到跟老闆提完離職兩個月後，她就到競爭對手的公司擔任資深經理，說要接管工廠根本就是個幌子。據說老闆知道受騙後，氣得三番兩次打電話罵她，「這也太誇張，應該可以上警局報案騷擾了吧！」我們紛紛給她出主意，但小荷只是淡淡地說，「反正設成黑名單拒接就好，人能順利離開公司最重要。」

你或許會覺得奇怪，為什麼大家都要撒謊呢？如果你聽過威廉的事就知道，在這個老闆底下工作，離職謊還真不能不撒。

威廉曾經是老闆的心腹愛將，什麼大型活動、授獎代表、各種研討研習活動都是他出席，人一紅機會自然就多，不少獵人頭公司發現威廉是個人才，紛紛找他談各種工作機會，威廉也不是一下就倒戈，但幾個機會談下來，他總算聽到一個版圖更大、值得嘗試的好機會，再加上他在公司也已經五年多，總覺得該出去拓展視野、闖蕩一下。

威廉當然不是不知道老闆這種分離焦慮的症頭，但他認為自己跟老闆關係不錯，應該可以誠實相待，於是一五一十地把想法全盤托出，甚至讓老闆知道自己即將去的公司。

據說老闆一開始也沒有特別反應，邊聽威廉提辭職邊點頭，表示明白。但事後又請威廉吃了一餐高檔料理，希望威廉可以再考慮看看，繼續留在公司，還承諾會給威廉調薪150％，但威廉還是拒絕了！對像他這樣野心勃勃的三十七歲男人來說，想要的是往下一個事業的高峰邁進，讓自己的眼界提升到另一個檔次，而不只是大幅度的調薪而已。

老闆眼見挽留無效，也沒有再說什麼。

然後過了幾天，某個上班日的下午，發生了一件讓我們其他人全都傻眼的事：威廉居然在辦公室暴走了！

他接了一通來電，隨後神情有異的走出辦公室講電話，等他再回來的時候，整個人都不對勁，坐在自己的椅子上，幾分鐘後，他忍不住用力狠狠捶了筆電，然後站起來發狠似地往老闆辦公室走去。

接下來的音量，大到我們坐在外面也全都聽得見。

「你為什麼要這麼做？」威廉對老闆咆哮。

「你在說什麼我不明白。」老闆說。

「不要以為我不知道是你做的，只有你知道我要去哪！」

「那又怎麼樣？你有證據嗎？」

「你為什麼要造謠？」威廉的聲音越來越大聲。

「你滾出去，不然我要叫警衛了。」

整層辦公室都靜悄悄不敢發出任何聲音，所有人都屏息關注威廉和老闆的決裂。

後來我們才知道，威廉接到的電話，是從新公司的ＨＲ打來的，他們說接到「與威廉曾合作廠商」的「密報」，投訴威廉的人品有問題、私接回扣、上酒家、接受性招待、吃相難看……由於威廉即將接任的是新公司產品部高層主管職務，他們對人品的清廉度有極高標準，密報固然只是街坊傳言，但已讓新公司有不少疑慮，而那職位又有各方人士角力競爭，威廉最後出局了。

有了威廉慘痛的前例，再也沒有人會傻傻講出離職的真實理由，更不會提早洩露未來動向。一旦起了離職的念頭，就要做好化成炮灰的準備。至於你可能會好奇我後來怎麼離開那個公司的？嗯……只能說，某段時間我也成為一個烈士。

很久之後，當我開始研究職場管理與心理相關議題，才發現其實很多主管確實不太善於面對下屬提離職的時刻，特別是那種「沒有預料到」的、非常勤勉的員工，殺傷力更是嚴重。主管之所以難以面對，並不只是因為要找到一個遞補的職員有多麻煩，而是他們往往容易把下屬的離職當成是對自己的否定。

很多主管會覺得自己已經盡其所能在扮演一個很溫暖、很支持、很開明，甚至時常捲起袖子來幫忙的管理者角色，所以當下屬還是要離職時，有時不免覺得自己「被背叛了」。之所以這麼受傷的原因，是因為他們把員工的離職當成是針對他們「個人」。

事實不然，員工之所以離職，有時是因為想轉換跑道換個產業試試、有時想在職位上有所提升、有時是想賺取更多薪水、有時因為與同事或主管相處不愉快、有時則是有其他生涯規劃……理由各式各樣。對員工來說，工作是工作，主管是主管，他們感謝主管並不代表會一輩子留在主管身邊，老一輩的員工或許會用報恩的心情來工作，但年輕一輩的員工很少這麼想。

其實員工的來與去再自然不過，職場本來就是「用勞力換取酬勞」的一種交易過程，每個人都在為自己的未來謀劃，即使主管與下屬相處再融洽也無法脫離這樣的基本概念。不然你想想，若是有一間下屬對主管滿意度一百分的公司突然再也不發薪水給員工了，還會有員工會留在那裡白白做事嗎？感情再好，也不過是落跑得稍微慢一點點而已。

這是賺錢的職場，不是因為什麼意識形態理當效忠一輩子的王國。

如果你不會只因為一個應徵者看似很效忠就聘請他，那就不要期待所謂的忠誠度必然會長存在你們之間。

參透這個職場來與去的規律之後，我們不如為彼此的相聚和分離大方給予祝福，世界很小，說不定今天的下屬會成為明日的客戶或夥伴，互道珍重，是為彼此各留一步後路。

什麼？你問小亞最後是不是真的隨夫君外派美國當貴婦？

當然沒有啦，你怎麼傻得這麼可愛？

女主管的低胸露背洋裝

名片上的位階不能保證讓人尊敬你，頂多只能說明那間公司有多需要你。

某天和一位在電子商務圈工作的朋友吃飯，她三十七歲，能力很強，在台灣數一數二的大公司擔任銷售部總監。

「有時候覺得女人是很可悲的，就算是女強人也一樣。」她說。

「怎麼突然這麼語重心長？」聽到她說這話我吃了一驚，因為朋友一向以身為獨立能幹、事業有成的新時代女性自豪，說這話有點不像她。

她提起前陣子公司總經理邀請幾位一級主管吃飯，席間包含她只有兩位女性，其他八個全是男人。我印象所及，另外那個女主管跟我這位朋友是死對頭，大概同性相忌，爭相要表現得比對方更好。

「那天宴席上，她居然穿了一件誇張的半透明低胸露背洋裝，一屁股就坐在總經理旁邊，看著一個年近五十歲的女人竟然還試圖想靠性魅力來得到一些職場紅利，我突然之間湧出一股不知道該說是憐憫還是悲傷的感受……」

我試著想像那畫面，嗯……是有點滄桑，還是不要想下去好了。

「她應該也不只是穿成那樣吧，有其他誇張的行徑嗎？」我問。

「就邊說話邊摸摸總經理啊，就像女人平時撩男生那樣嘛，你知道的。」我們相視而笑，不就是那些我們都心裡有數的女人小心機嘛。

朋友說這故事的時候，不禁讓我想起某位曾在職場共事過的女強人，她長得頗有姿色，專科畢業後就出社會工作，職場歷練非常豐富，後來做業務工作也做得有聲有色，三十幾歲時已經掛上資深總監的職稱。

某次我們在一個應酬的場合上巧遇，她穿著大露肩的貼身短裙洋裝穿梭其中，逐一對現場大有來頭的總字輩高層敬酒，敬酒本身並沒有什麼問題，但她邊敬就邊把頭靠在那些男士的胸膛，臉上還呈嬌羞樣，現場鼓譟聲四起，她也故作靦腆地讓男人們吃吃豆腐。

男人在這種公開的場合上都能吃豆腐，私下究竟還有沒有相約後續，沒人說得清楚。

但那晚我學到了職場的一課：

「名片上的職稱，往往只能代表你的公司有多需要你為他賣命，並不能代表你是否能被他人尊重；真正讓人敬重的人，是**不靠**某些手段，也能達到一樣的高度。」

*

一位曾在電視台當主播的朋友說，很多年輕的主播妹妹一上台播新聞之後，「晚間業務」就沒有斷過。

如果你以為「主播嫁豪門」都是因為採訪的關係而彼此認識，那可就搞錯前因後果了。早個十幾年前，或許有些主播確實是因為主跑黨政或是財經要聞才有機會貼近政商名流，但近年許多年輕女孩憑著青春美貌，只是跑跑消費生活線、採訪幾個週年慶就上了主播台，根本沒有機會能認識那些大老闆們。她們之所以能嫁給一些富商，是因為參與了不少台內男性主管私下邀約的飯局，有時吃飯飲酒、有時私人招待所唱唱歌，這些男性主管樂得把「旗下小姐」引薦給和自己一起飲酒作樂的好兄弟。

對於某些月收入台幣四萬元上下，知名度也不上不下的年輕主播們來說，能參與飯局認識各大企業老闆，彷彿自己在社會上也高人一等，偶爾大老闆來電相約飯局，又帶著她們認識更多的其他老闆們，男人賺到的是其他兄弟對自己帶新妹出場投以羨慕的眼光，女人賺的是自己開了眼界晉身名流。

事實上，魅力是一道兩面刃，不可否認，魅力所帶來的紅利很多，對男人和女人都是一樣，就像歐巴馬要不是口才學識極好、性格充滿魅力，絕對難以非裔美國人之姿登上美國總統的寶座；同樣地，川普的女兒伊凡卡若非個人魅力極佳，也無法使輿論一片充滿「反川普」的言論下，對她手下留情，甚至充滿讚賞。

但是當個人過分著重、甚至試圖以魅力凌駕職場專業時，反而更容易招來惡評。

你一定有些朋友特別喜歡在社群媒體上大肆宣傳自己今天完成

了什麼業務、見了哪些重要高層、執行了多少項目、或是甚至以前輩之姿撰寫「說教貼文」逼人看，若是這些自我宣傳和實力相符，倒是沒什麼問題；倘若大家心知肚明，這人只不過特別會出張嘴，實力卻不到那個程度，反而比一個安靜老實做自己分內事的人還不如。

更別說女性試圖用性魅力來換取些優勢，別忘了，當你二十歲的時候這麼做因此有點搞頭，不代表當你四十幾歲的時候這麼做還有什麼看頭。那些能為此給你甜頭的男人，難道怕找不到年輕的丫頭？

不管你靠著什麼站妥了如今的地位，專業也好、魅力也罷、單純只是幸運也無妨，別忘了在享受權力與高位的同時，盡快讓自己「名副其實」，透過大量深度與廣度並進的學習補足你內心隱隱還不夠有自信的部分，**努力是人生首要，實力則是讓自己心安理得、肯定自我的解藥。**

拍你馬屁，是因為你能被拍馬屁

馬屁精通常不是單獨存在的生物，
若辦公室裡有一個愛拍人馬屁，就有另一個喜歡被拍馬屁。

好幾年前，因為工作的關係我著手採訪一間以老闆之名掛帥的公司，我的意思是，那是一間好公司，可是對外界來說，老闆的名氣遠遠凌駕公司品牌，這位CEO的人生傳奇事蹟宛如勵志電影內容，上遍商業雜誌，如何從一個書都沒唸畢業的職校肄業生搖身一變成為集團領導人。

非常熱血，是的。在我因為工作採訪那間公司之前，這位偉大老闆的故事早已如雷貫耳。

相約早晨十點採訪，為了不失禮，我特別起了個大早，火速在路上吃完早餐，並且提早三十分鐘到達。櫃檯通知了秘書，穿著典雅小洋裝的秘書對於我提早到訪有點驚訝，領我到老闆辦公室的沙發坐著等候。

那是一間大概六十人左右的辦公室，老闆的辦公室在最深處靠窗的地方，用透明玻璃隔出一間總裁辦公區，從總裁辦公區內的某扇門又可以連接另一側貴賓會晤區，外頭則是六十個員工的座位區，還只是這間公司的一部分，其他樓層還有別的部門和關係企業。

我坐在貴賓會晤區，透過玻璃牆可以看到外面的一切動靜，門沒關，辦公區還算安靜，有的員工拿著早餐邊吃邊打開工作檔案，有的則看著資料低聲講電話。我也瀏覽手上的訪綱預備採訪內容。

突然之間外頭傳來騷動，我抬頭一看，是那位老闆來了。

「陳總好！」

「陳總早安！」

「陳總您今天氣色特別好。」

「陳總您今天穿得好美喔，這條圍巾和您好相稱，您把這個品牌的質感都穿出來了，根本應該擔任他們的代言人。」

聽得我忍不住偷瞄了一眼，噢，是Gucci的圍巾。

「陳總您這口紅顏色實在太美了，是在哪裡買的呢？」

「陳總您怎麼能一早起來就這麼容光煥發，根本是個少女！」

可惡，誰快來制止他們，我覺得剛吃的早餐在肚子裡翻騰。

你以為這些員工說完這些令人無法置信的諂媚台詞就算了嗎？不，陳總走過的座位都會有員工站起來尾隨她的背後，一個接著一個，彷彿民間信仰神祇出巡、信眾尾隨在後的景況。而這群「信眾」一路護送陳總到總裁辦公室門外，然後才回自己的座位坐下。

若非親眼目睹，我實在無法想像原來有的公司職場文化是這樣的。

採訪時我客氣地請教陳總，「剛剛我看到好多員工很熱情迎接你上班，每天都是這樣嗎？」

陳總顯得十分得意，「是啊，每天都是這樣，因為我把員工都當成家人看待，所以我們的感情非常好。」

呃……我是不知道你跟你家人怎麼相處，但在我的觀念裡，家人之間或許需要彼此鼓勵的好話，但絕對不需要諂媚成這樣。

辦公室的拍馬屁文化其實從來就不是新聞，據說日本甚至有詞彙叫作「磨芝麻」（ゴマすり）用來代稱那些愛拍馬屁的人，因為用兩個手掌互搓，然後一邊看對方臉色來盤算下一句該講什麼話的樣子，非常像古代人用手磨芝麻的動作。

拍馬屁其實是一種人際策略，也就是把自己壓得無限渺小，將榮耀獻給對方，而那榮耀未必是事實，有時只不過是人們為了拍馬屁而竭力想出來的一些台詞而已。

馬屁精並不是一種能夠單獨存在的生物，就像銅板一個拍不響，當你發現一個馬屁精，勢必就會搭配一個「樂於被拍馬屁的人」。也由於馬屁精發現這招是有效的，便會持續下去，而旁人看懂這路數之後，也可能開始加入拍馬屁的行列，於是想拍的人越來越多，有一天便會擠得連想拍也不一定拍得到，大家便各自再找其他能夠拍馬屁的機會。

例如有許多員工便會自動自發地幫老闆辦生日宴會、聖誕派對、甚至還幫老闆籌劃結婚週年紀念活動（到底關你什麼事？）、跟著老闆去運動……總之盡可能出沒各種老闆會出現的場合，因為唯有緊跟著老闆，才更有機會拍一拍那搶著被拍的屁股，多拍幾次，頻率高了，老闆才會記得。

所以各位英明的老闆們，當你發現身邊充滿了一群特別熱愛歌頌你的子民，先別高興得太早，未必是你有多麼了不起，更可能是你塑造了一種讓下屬覺得「你能被拍馬屁應對」的形象。而這些熱愛拍馬屁、從拍馬屁得到好處的員工，將會壓迫另外一些勤奮工作但沒那麼善於言詞表達、對馬屁文化感到尷尬的員工，當他們發現原來比起認真做事，老闆更加重用那些馬屁精，自然而然就會離你遠去。

有些人會美化自己拍馬屁的行為，稱呼那叫作「向上管理」，事實上向上管理的精神絕對不只是如此而已，「富比士」的專欄作家Rich Kalgaard提供了一些「向上管理原則」建議：

1. 把你的老闆想像成是一種「資源」，而不是只會控制你的爸媽。你得讓主管知道他可以如何幫助你。

2. 答應的事要做到。老闆要能相信你，首先你必須是個值得讓老闆相信的人。

3. 永遠不要給你老闆「意外的驚喜」。很多老闆不是不能接受壞消息，但他們討厭在一無所知的情形下突然接到事情爆掉的結果。

4. 你要跟老闆一樣認真看待這份工作，才有資格被稱呼為「夥伴」。

5. 你的責任是提供解決方案，而不是抱怨問題。

6. 傳遞事項要清楚確實，確認老闆對你說的話完全理解。

7. 讓老闆知道你期待被如何「管理」，讓他了解與你相處的方式。

8. 你可以讓老闆知道，你很認同他的成就，並且希望自己有天能像他一樣成功。

9. 讓你老闆更加成功。

回到拍馬屁這件事，我有句真話，老闆們大概不太想聽，但我還是必須說：

員工拍你馬屁，不是因為你很偉大，而是因為你是能夠被拍馬屁的人。

瀏覽104和領英網頁是最好的心靈SPA

每當工作壓力大到很想換工作時，
那些超扯的職缺訊息就成為繼續努力下去的動力。

之前在當上班族時，染上一種只要工作不順心、壓力太大、覺得老闆不合理、遇到客戶太誇張、或是有感自己在原地踏步的時候，我就會打開104或是領英這類人力資源網站瀏覽職缺的習慣。

「××公司在應徵社群媒體資深行銷企劃耶，聽起來超適合我的。」我點進去看了看，天啊！這工作也太精實了吧？工作內容上註明：

1. 要當小編管公司旗下六個粉絲團、六個Instagram、兩個品牌網站、一個電商網站。
2. 要負責支援所有產品部門撰寫相關宣傳文案。

3.偶有需要拍攝影片，有剪輯經驗尤佳。
4.協助支援公司指派之固定或臨時項目。
5.需二十四小時待命、追蹤網頁流量，同意者再應徵。

簡直一個人當三個人用嘛，我不禁嘴角微微上揚，而且所謂「協助支援公司指派之固定或臨時項目」這項，不要以為我看不出來，白話文意思就是：不管你是什麼職稱、原定什麼工作，反正公司有事叫你做，你就做就是了。

「原來還有人比我更慘，哈哈！」再看下一個工作：

【工作內容】

市場分析、協助公司發現商機

執行市場策略規劃，達成銷售目標

在技術研討會上發表研究，提升公司知名度

扮演對外窗口，負責跨部門事務，並以最大熱忱協助客戶

【候選人資格限定】

1. 具有強大分析問題／解決問題能力

2. 精通英文聽／說／讀／寫（TOEIC 800分以上）

3. 具有相關產業至少五年實務經驗

4. 熟悉Windows和Mac簡報軟體系統

5. 嫻熟社交禮儀，懂得應對進退

6. 國立大學相關產業碩士畢業，海外學歷尤佳

看起來是個更硬的工作，要找到符合資格的候選人恐怕並不簡

單，結果我再仔細看一眼開缺職務：「市場開發專員（約聘）」。

有沒有搞錯？這麼進階的任務，要協助公司發現商機、要發表研究還要訂策略規劃，居然只開出專員的階級，還用約聘。（想必是因為薪水預算不高，老闆既想要英才，又想進可攻、退可丟的員工）

實在太扯。

有時晚上回到家，我就開著電腦如此連看一兩個小時，在這些網站裡研究各種「一谷還有一谷低，一爛還有一爛爛」的職缺，比上不足，比下卻讓人感到幸福，第二天又夾著尾巴乖乖去上班。

人力銀行網站對於許多苦悶的上班族來說，不只是用來找工作的方式，也是一種判斷自我的依據，有時會發現自己的經歷居然已經足以構上其他公司徵求副理、經理的資格，於是得到一種自我感覺良好的紓解，就算搆不上那些職缺的邊也沒差，至少自己還窩在某個公司，好好的。

當然不可否認，很多人使用這些人力資源網站是「來真的」。他們不只是隨意逛逛、騎驢找馬，而是真心很想換工作，管他是好一點的驢或是差一點的馬，先換再說。

根據領英的全球人力數據顯示，就業市場上有87%目前「已有工作的人」都在自己的履歷檔案上勾選「不排斥接觸新的工作機會」，如果把這現象比喻成兩性關係，就等同在一百個已有男女朋友的人裡，居然有八十七個都覺得「不排斥認識更好的對象」，這麼想的話，是不是就有點驚悚了呢？

但話又說回來，「開放新工作找上門」其實也不過是一種態度，表示自己願意接納未來的各種可能性，同時也認為自己有能力可以迎接未知的挑戰。至於到底會不會真的跳槽，倒也不一定。員工在判斷要不要換工作時，往往是抱持一種近似投資者的心情，會審慎評估那個公司值不值得讓自己放棄原公司、值不值得拿往後幾年的時間來交換、值不值得放在未來自己的履歷上當作經歷……總之，會有諸多這類值不值得冒職涯轉換的風險考量。

很多公司主管十分介意在人力資源網站居然看到自己部門的員工的檔案，或是從其他公司傳來下屬在外應徵求職，有時可能乾脆就修理那位員工，打入冷宮或是酸言酸語挖苦對方，如此一來，不只留不住員工，還反映出主管缺乏智慧，事實上，當主管面臨這種情形時，只要捫心自問，「你到底還想不想要這個員工？」

如果想，應該不動聲色地進行一些能夠留住員工的做法，例如給予加薪或升遷，但最有效的莫過於交給這位員工一個他夢寐以求想執行的大案子或重要項目，讓他感覺自己受到重視，捨不得在此時此刻離開。

如果這位員工實在可有可無，你也不想留，那麼你只需要在其他公司探詢這位員工狀況的時候，用力幫他美言幾句，加強對方公司想要他的決心，那麼，你不只賣了對方一個人情，還成功送走了他，豈不是很好嗎？

如果真要比較菜鳥和老鳥在瀏覽職缺訊息的心態有什麼不同，我想，恐怕是菜鳥多半看到任何招人訊息都會覺得「真是好機會」躍躍欲試，而老鳥看到這些開缺，都會仔細注意工作內容裡的字字珠璣，「根本魔鬼藏在細節裡，哪騙得到我」而寧缺勿濫。

如此精明的我們，可都是在一次又一次發現「喔～NO，工作內容又跟當初說的不一樣了！」之後，才練成的啊。

親愛的主管，可以請你早點下班嗎？

你以為加班是美德，殊不知主管老是不下班，對員工其實是壞影響。

這天晚上是難得的同學聚餐，我傳了訊息給一位遲遲還沒到場的同學，他在公關公司上班，作息時常亂七八糟，別人醒著他也醒著，別人睡著他還是醒著，「嘿，你快到了嗎？」我問。

「還沒……我主管一直還沒離開，我不好意思走。」什麼？居然一整個team的人都還在公司，我看了看手錶，已經晚上八點十五分了呀！

「那麼晚了，你老闆怎麼還不走？」我追問。

「她就單身沒事，以公司為家啊！剛剛她還在滑手機看影片，現在才剛打開Excel檔案做正事……」朋友的字句裡充滿無奈。

「你先離開不行嗎？」

「她會酸說，現在的年輕人很好命，我昨天剛被釘，今天真的要再等等。」

最後，朋友接近十點才趕來會合，飢腸轆轆，但早就過了餐廳最後點餐時間，大夥兒匆匆拍了一張合照，他只好去路邊買了滷味拎回家。

是的，不愛下班的老闆，總是讓下屬非常悲情。

職場上常見幾種不愛下班的主管：

第一種，萬年的單身

說不上來他們到底是因為花了太多時間在工作上，所以才變成「萬年單身會員」，還是因為是萬年單身，所以養成了以公司為家的習性。

總之，許多應徵者只要聽到自己的直屬主管是「單身」、「能力強」，就會不由自主地打寒顫，是的，這群主管時常是加班的高風險群，儘管他們不時也會哀怨自己老是在加班，但仔細觀察他們的行事風格，卻又像是「無所謂幾點回家」的態度。已婚的主管因為要接小孩或照顧家人，工作做不完便會帶回家處理，但單身的主管通常傾向在公司弄完。

另外，我就曾聽一位職場的男同事得意的提起自己的「小心機」，他總是晚上七點的時候離開公司去吃飯，離去時桌燈還開著，提示大家他還沒下班，然後這段時間他不是跟朋友敘舊，就是跟網路認識的女網友來個浪漫約會，十點多才回辦公室收發Email。

而這種時間還發Email可是一種高招的手段，好讓更上層的主管以及眾人都覺得他加班加得好辛苦。

第二種，跟公婆同住的女主管

有一種主管明明是已婚，但是時不時就猛加班，甚至六日偶爾也找機會跑到公司工作，一問之下才發現原來是因為跟公婆同住，受不了壓力，「加班」成了最合理的逃避方法。

第三種，超有野心，正在追求晉升的主管

說實話，第一種或第二種類型的主管倒是還好，他們未必會希望下屬跟自己一起加班，但若是遇上第三種，全力拚升遷和好評的主管，那可就累了，因為他們時常不只自己加班，更會希望整個team的同事都一起加班，以顯示一種「整個團隊都好拚」、「×××好會帶人」的形象。

遇上這樣的主管，真是讓下屬左右為難，加班也不是，放手也不是。加班了，功勞基本上都算在主管頭上；不加班，大家都看著你不支援自己的主管。

第四種，能力不足的主管

職場上有一種悲情的中階主管，就是能力不足又不討喜那型。他們也不是自願想加班，但是已經被大老闆盯上了，這個報告重寫、那個計畫書重交、年度預算重做……眼看著當年一起進公司的同期都已經比自己高一兩個位階，卻只剩下他停在不上不下的位置。

他不是想加班，而是不加班會被釘得更慘，有加班至少好像有在努力。

在我看來，不管是哪一種類型的加班主管都會對員工產生不良影響：

一、一天工作超過八小時，將嚴重影響員工身心健康

根據英國《衛報》報導指出，一週工作如果超過三十九個小時，就很可能造成員工過勞的現象，也就是說一天的工作時間不應該超過八個小時，包含中午用餐一小時的話，理論上早上九點上班，晚上六點前就應該要下班。

英國商業分析機構YouGov Omnibus的研究則認為人們的生理時鐘會隨著年齡影響，年紀越大，上班的時間越早越好，但是一天仍然以工作七小時左右最佳，並且不要連續工作超過四個小時，否則效率

將會大打折扣。

事實上加班過勞不只造成健康的嚴重影響，過勞死案例屢見不鮮，**其他沒掛掉的員工往往也容易產生厭世感，對工作越來越倦怠，失去原有的熱情**，「上班天才剛亮，下班已看不到陽光」，過長的工時，更容易讓人產生自己賣給工作的感受，進而懷疑人生的意義。

二、加班是員工用自己的時間，遮掩了雇主無能妥善安排人力的事實

在職場上時常有種不可取的心態：「能做的人做到死，不能做的無聊死。」當員工必須不斷加班的時候，其實反映的就是雇主的人事管理有問題。

倘若是因為員工能力不足，造成無止盡的加班，雇主應該思考的是**重新分配工作**，或是「長痛不如短痛」請這位員工走人；倘若是因為事情過多才加班，雇主則應該添加人力，讓每個人都有合理的工作與個人休息時間。

三、加班是一種職場人際文化，會對不加班者產生心理挾持效果

如果一家公司認為加班是理所當然的事，那麼久而久之便會養出一群「覺得加班是認真負責、理所當為之事」的員工，而當加班是一種責任也是義務的輿論風向成形後，對於不加班的員工便會產生無形的人際心理負荷。逐漸地，不加班的員工很可能會被邊緣化、排擠、冷嘲熱諷，而無法繼續工作。

四、假裝加班的人只是更加浪費公司資源

開著燈先偷溜出去偷閒再回來加班的人，其實是讓公司損失更多不必要的開支，不只浪費了電費，還可能依照公司福利規定申請了誤餐費、計程車補助費……等等。員工上演虛假的加班戲碼，往往只是為了應付那些「很吃加班這套的老闆們」。

既然如上所分析，加班多半是上下交相賊的結果，那麼就讓我們來點實際的，「親愛的主管，就請你今天開始，提早下班好嗎？」

請把辦公室隔板還給我

令人詫異的是，員工在開放式辦公室裡卻總是戴著大耳機、避免眼神接觸，更加冷漠……

某次去參訪一間外商企業，接待的主管領著我們欣賞號稱亞洲最新穎、最完善的硬體辦公室，不只有可以全球視訊連線的辦公室，還有各種人工智慧互動牆面，讓人歎為觀止，走到辦公區，是一片視野開闊的座位，桌上只有一個個螢幕，沒有任何其他一般辦公室會出現的個人雜物。

接待主管說，「我們把員工的辦公區改成開放式辦公室，甚至沒有固定座位，每個人天天都能選不同的位子坐。」

「天天都選不同的位子坐？」我內心不禁驚呼，對我這種喜歡固定座位，總覺得辦公桌一定要放一些屬於個人用品才有歸屬感的人，這種開放式自由座實在有點讓人不安。

開放式辦公室這幾年特別流行，主要受到臉書、Google這些數位媒體產業推波助瀾，這些充滿創意的新創辦公室被媒體不斷報導，相比大家過往習慣的隔板空間，這些開放式辦公室貌似開啟了一個新的時代，象徵「透明」、「公開」、「友善」、「主管與員工平權」、「讓人們擁有更多互動與刺激，有助提高生產力」。

有一陣子我短居在挪威奧斯陸市中心的一棟高樓裡，我的客廳落地窗對面就是別人的辦公室，由於對面建築物也是整大片玻璃窗，所以視線一覽無遺。不太確定那間公司是什麼產業，但他們也是無隔板的開放式辦公室。

每天早晨，當我為自己煎好荷包蛋、烤好吐司、泡好熱咖啡坐在陽台上悠哉享用時，同時也一面「欣賞」對面辦公室的一舉一動。

有趣的是，我發現大部分的時間，那間公司的員工都各自坐在自己的椅子上戴著大大的耳機，自顧自地面對電腦螢幕，儘管偶爾會起身，卻很少見到他們彼此互動，唯一可以確定的是，他們下午四點全都一致準時下班，整間公司閃到沒半個人（真是太令人羨慕了呀）。

這種員工之間極少互動的情形，或許跟產業別有關，也或許沒有。這幾年，許多商業和心理專家開始對開放式辦公室的效能提出質疑，例如「這樣的空間真的友善嗎？」「真的提高了員工的生產力嗎？」「員工在開放式辦公室裡，真的會更常彼此互動、腦力激盪嗎？」

《經濟學人》刊載了一份哈佛大學商學院所做的研究，研究人員針對兩大跨國企業進行深入追蹤，他們發現，雖然業主總是說開放式辦公室設立的用意是為了「增加人們的面對面互動，打造更友善的環境」，但研究結果卻發現，在開放式辦公室裡，人與人之間的互動比以往在有隔間的辦公室裡更少了，員工彼此之間寄Email的頻率反而提高。這樣的結果正好和業主所希望打造的環境恰恰相反。

研究人員認為，這很有可能是員工在開放式辦公室裡為了要維持仍保有個人空間的一種變形，也就是你會看到很多人頭上戴著大耳機，一臉漠然的拚命打字，如果不這麼做的話，很可能就被眼前同事的一舉一動或一通電話給干擾，換句話說，**在開放的空間裡，人們關上了自己的心、縮小自己的視線，努力讓自己專注在該做的事情上。**

開放式空間讓一切攤在眼前，貌似透明，卻造成員工專注力的巨大挑戰。

「雖然有隔板的辦公室也可能有一些人來人往或雜音，但至少人們有一些自己的空間，可以在裡面放放孩子的照片、一些辦公室植物，或自己喜歡的馬克杯，這些都有助於員工在辦公室裡讓心情放鬆一些。」這篇研究指出傳統隔板辦公室的優點。

心理學家認為，一些熟悉的人事物或「小物」都有助於人們對環境有歸屬感。

當然，不同產業的需求也不同，例如我過往曾任職的電視新聞部門多半都沒有隔板，主要是因為需要「即時」，某某記者收到線報只要大叫一聲，全員就可以立刻出動分工追蹤；金融證券也有類似的情況。但出版業、文教業、設計業、工程師們……這些顯然較為需要專注穩定、員工也較多內向性格者（Introvert），則很可能根本無法在開放式辦公室存活，他們需要安靜、獨處、關門（可以的話）、減少噪音，才能發揮最高的生產力。

《經濟學人》這份研究大膽指出，如今開放式辦公室成為趨勢，真正的理由在於雇主企圖「減少成本」，隔板的費用省下來了、辦公室的隔間費用省下來了，多出來的空間可以再多放個幾張桌椅，原本只能容納七十人的辦公空間突然可以坐八十位員工了，減低每個員工身上所均攤的固定成本，提高了辦公室的坪效。

除此之外，或許也符合某些老闆想充分監控的習性，一目了然的環境就像工廠裡的工班，也像圓形監獄。

被拆掉的隔板或許一時之間難以回得來，但以下提供一些讓大家能在開放式辦公室裡成功活下來的實用建議：

1. 如果可以的話，**盡量選擇坐在相同的位置**，最好旁邊也老是坐一樣的同事。除了增加熟悉感之外，根據研究，人們比較能忽略熟悉的聲音和人事物，減少被打擾的機會。

2. 盡量**不要讓訪客進入開放式辦公區域**，避免打擾正在工作的人。

3. 戴上你的耳機（可以選擇降噪型的耳機，阻隔環境噪音，除非你老闆特別喜歡口頭呼叫你）。

4. 把你的手機鈴聲或提示音改成跟別人不一樣，避免一直誤判。

5. 當你要跟同事討論工作的時候，帶他們去其他人少的區域（例如茶水間或小會議室），做個模範，讓別人也學你這樣做。

6. 不要害怕告訴同事你正在被他們所干擾。

7. 利用座椅的角度來**讓眼前視線乾淨一點**，也許傾斜個幾度，就可以找到一個視線比較舒服的空間。

你的辦公室婚外情，員工都看在眼裡

他們以為在辦公室辦私事沒人知道，
殊不知大家早已傳開，監視著緋聞男女的一舉一動……

我電腦桌面上的訊息提示突然亮起，點開一看，是同事傳來的，「快看快看，他們又一起下班了！」我立刻往座位後方看去，果然，老闆的辦公室燈光已滅。再看看左前方Tiffany的位置，座位也已經靠攏。

「也太明顯了吧。」我忍不住心想。

想不到一個月後，某天我突然收到Tiffany的訊息，「今天下班有沒有空喝一杯？」訊息來得突然，我不禁好奇什麼風吹來這一杯，

「好啊！」於是跟她約好下班後先吃個晚餐，再去一間調酒Bar。

吃飯的時候倒還挺正常，但瑪格麗特才喝幾口，Tiffany突然就哭起來了，這舉動讓我不知該如何反應才好，「其實我跟Lee在一起好幾個月了。」

Lee就是我們主管，事實上他們倆的事大家早就發現了，但我不好意思告訴她。

「真的嗎？完全看不出來。」我假裝第一次聽說此事。

「有一次我跟他去和客戶應酬，後來在計程車上他跟我說，他喜歡我很久了，然後貼過來親了我，我其實也很欣賞他，畢竟他那麼優秀，所以……」男歡女愛老是這樣開始的，我心想。

「我記得他有老婆跟小孩？」我問。

「嗯。」Tiffany擤了擤鼻子，「所以我很痛苦，不知道這樣下去該怎麼辦。」

話說那天之後，跟Tiffany一樣痛苦的，還有我。

倒不是因為我對Lee有什麼情愫，而是當事人告訴我整件事之後，我便不好再跟以前八卦的同事一樣觀察他們，其他同事敲來叫我「快看快看」的時候，我也不便回說：「真的耶，超誇張的」，只能淡淡回應：「哎呀，別管人家的事了。」

守著秘密的我，像一隻肚皮快要撐破的青蛙。

有些秘密，其實別人真的不想涉入其中，尤其是你老闆跟你同事在搞婚外情這種事，勸進也不是、勸退也不好，一個不小心，只怕沾了滿身腥。

很多公司會有「嚴禁辦公室戀情條款」，一來怕員工彼此分心，或一個離開公司等於兩個走，再者，也怕職務上會有利益輸送，例如其中一方若是主管，很可能在考績評鑑上無法再保持中立，即使身為下屬的那方表現得再優秀，別人都會覺得「是因為他跟主管有特殊關係」所以才能得到肯定。

外國企業有時會設有「交誼條款」（Fraternization policy），所謂的交誼條款並不是禁止辦公室戀情，因為人與人互動，難免有可能會產生感情，但這個條款特別鎖定「具有隸屬關係的上下級同事」不能有超越同事的個人情感關係。

偏偏有些時候，是主管管不住自己，而且總以為天衣無縫，別人都看不出來；更有甚者，是有恃無恐，「就算你們知道我在搞辦公室戀情或外遇，又能怎麼樣？我可是你主管。」

不過摔跤的例子也不是沒有，我曾看過某間貿易公司主管毫不掩飾自己的婚外情，吃定員工不敢拿他怎樣，結果有一回，主管跟下屬起了嚴重衝突，他不留情地給了對方很低的考績，讓對方不只領不到年終獎金，甚至還阻斷了那位員工原本應該順利升遷的路，對方氣不過，暗自搜集主管婚外情的證據，交給公司的人資部以及主管的太太。最後主管被迫離職，一年後離婚收場。

通常主管和下屬最容易產生不倫關係的前奏，包括：

1. 有大量機會獨處、加班、單獨出差。
2. 雙方揭露過多個人私生活訊息，例如和太太感情不好、和男友時有摩擦……
3. 主管利用職務權力，引誘對方發展私人關係。
4. 下屬利用職務之便勾引上司，企圖透過私人關係獲得個人利益。
5. 在上班時間之外，彼此仍然頻繁聯繫，踰越同事應有的分際。

6. 伴侶對另一半的工作內容、環境、同仁一無所悉，而另一半也刻意避談。

換句話說，若要避免辦公室桃色糾紛，其實一開始最好就能**拉上一條「健康的界線」**，公事公辦，少談私事，當對方向自己揭露過多個人私生活時，應該立刻禮貌地制止對方，例如告訴對方「這些事不是我應該知道的」或「我不想知道太多其他人的私生活」。下班時間也避免太多私人互動，或讓彼此的生活有太過親密的牽扯。

很多人以為「辦公室辦私事」只要低調就沒人會知道，殊不知，大家可都是明眼人，不揭瘡疤則已，一旦小辮子落入他人手裡，就不知道哪天誰會順勢扯著那條辮子，把人給絆一大跤。

Chapter

3

那些職場沒有告訴你的事

人資不是你的好朋友

他跟人資抱怨了主管的種種，沒想到最後走的卻是自己……

有個朋友在離職前跟公司鬧翻了，他和部門主管吵架，原因是主管老是在三更半夜傳訊息給他，而且不能不回覆，如果不回訊息，第二天日子就很難過了，肯定會被主管修理一頓。但是讓朋友真正抓狂的，是他父親生病住院，他得跟公司請假，辦公室和醫院兩頭跑，而某天他人才剛到醫院就被主管緊急Call回，他以為是什麼急事，結果只是主管找不到一份檔案，而那份文件明明就在主管Email裡也有備份。

幾件事情累積下來，他忍不住找人資部門主管討論此事，表達自己日益升高的離職心情，希望對方可以給自己一點建議。

「我本來以為人資部門就像輔導室那樣，會給你一些溫暖有用的實務建議，沒想到他們只是填填表格，然後就說知道了，會找我主管談……」朋友說。

「後來呢？」我很好奇後續的發展。

「幾天後，我就被主管叫進辦公室，他很不爽的質問我為什麼要去找人資？是不是很想離職？」

「然後你怎麼回？」

「我被他這樣一激，就跟他說，如果情況持續是這樣，我真的不想留了。」

結果朋友的主管也夠倔，居然說：「那我們就不留你了，我會交代人資你的離職已經被同意，待會請他們幫你處理。」

朋友原本只是想跟兩邊同時抱怨一下，討個拍和建議，沒想到瞬間工作就沒了。

事實上在職場有點資歷的人應該都知道，許多行政部門雖然看起來不怎麼顯眼，彷彿不是公司的主力部門，但千萬別得罪他們，有時生殺大權可都掌握在他們手裡。

之前聽過一家知名外商的案例，由於產業轉型，所以美國總公司決定「大換血」，交代各區域人資主管要大刀闊斧的整頓人事，盡量讓年紀大一點的資深員工「知難而退」。

話說當公司要讓員工自動待不住，其實手段有百百種，最常見的就是把員工調去從事完全無法勝任的部門，例如要求資深員工去從事需要大量新科技或新世代的職務；或要求原本內勤支援的人去跑外場巡點，並要求更嚴格的績效。一段時間之後，員工承受不住壓力便會自動離開。

後來這家外商確實大幅度縮減了資深員工的數量，並且多數是自動請辭，省下公司不少遣散費，台灣分公司的人資甚至還因為「辦事有功」而得到總部的授獎。

那面獎牌背後，代表無數被公司背叛的員工；但當資本主義利益掛帥，人資也只不過是想恰如其分的執行公司最大利益，他們又能怎麼辦呢？

職場裡有一個最大的誤區，就是以為人資是扮演好友的角色。不少略有規模的公司都設有人力資源部，當你通過面試之後，人資主管會用「有什麼問題都可以找人資部門，我們會盡力幫你解決。」這句來作結。

但真的有任何問題都可以找人資嗎？人資的權力和權限到底又

有多大呢？

過往公司的招聘通常都附屬在「人事部」或「人事行政庶務部」底下（不少台灣本土企業仍然這麼稱呼），西方企業家學者Dave Ulrich最早提出了人力資源的概念，他認為員工也是公司資產的一部分，應當要有一個專門負責挖掘、培訓員工潛能的部門，來讓員工更加成長，為公司創造更高的價值，並且為公司向外找尋最好的人才，因此也要負責招聘跟挖掘的項目；人力資源部門也必須成為其他部門的作戰夥伴，為不同的部門提供必要的協助；最後，他們也必須協助同仁一些日常事務。

那麼，處理抱怨跟糾紛呢？不，他們不是心理專家，人資的職責是「管理」員工的各種狀態，換句話說，當任何員工有功勞、獎賞、不適當行為、遭到疑慮，他們的任務便是記錄下來，讓公司裁決處理方式。

人資可以協助員工「面對」一場糾紛，但他們並不會去「解決」一場糾紛，特別是涉及部門內部作業的時候，人資也只能從旁提供一些專業建議而已。

於是，如果當你和老闆真的發生意見糾紛，人資真的能夠出來解決你跟老闆之間的紛爭嗎？不行，因為他也是領老闆薪水，又能拿老闆怎麼辦？

倘若你遇到的是來自其他同事的職場騷擾，人資也沒有權力解僱這位騷擾者，但他們可以從旁將你的遭遇記錄下來，呈遞給老闆，由高層主管做最後的裁決。可想而知，如果騷擾你的人是一般員工，或許公司就很好做出取捨，但如果騷擾者是幫公司賺大錢的業務大將，結局就很難判斷了。

但儘管人資或許不會是你在職場上的好朋友，不過他們確實會成為你留下某些證據的好部門。

一九九八年美國最高法院做出一項裁決，裁決指出在職場遇到性騷擾的人，都應該要先跟公司的人資部門反映，然後進一步獲得法律相關的協助，而人資部門留下的檔案紀錄，有助於後續的判決。二〇一七年底，美國維吉尼亞州法院曾經判一個宣稱自己被職場性騷擾的女員工敗訴，主因在於這位女員工當時並沒有先找人資報備此事，讓整件事情陷入羅生門。

同理，當你發生心理疾患或任何不想要被公司知道的狀況，也應該盡量避免跟人資傾吐，肯定會被一五一十的記錄在檔案裡，那是他們的職責。

總之，當你在遇到任何想跟人資傾吐的事情時，先試著想想：

1. 根據人資的執掌範疇，他們能夠協助你什麼？
2. 過往你們公司是否重視人資的意見？在台灣，某些公司的人資部門非常強勢，說話極具分量，但多數的公司並不是。
3. 這些傾吐的事情，你希望被公司留下成為永久紀錄嗎？

最後，既然跟人資投訴了，我會誠實建議你做好「大不了就離開公司」的心理準備，有時結果未必會如同自己當初設想的那樣，說不定當你做了正確的事，風卻不一定往你的方向吹。

菜鳥，讓人又愛又恨

職場裡，我們不是在身為菜鳥，就是在不爽菜鳥的路上。

回首很多年前我還是一隻大學剛畢業的新鮮菜鳥時，對於公司資深的同事鄙夷的眼光總是特別敏感，好吧！或許用「鄙夷」兩個字來形容有點誇張，但總之是輕蔑帶點不屑。

那時我在廣告公司當企劃，但我不只對「媒體企劃」工作內容一無所知，人生也沒有寫過半個企劃案，偏偏主管是業務出身，也不太會寫案子，一切都只能硬著頭皮來，找了幾個公司過往的案子模仿一下，主管看了看也沒覺得有什麼不妥，於是就寄給其他部門。

中午我一如往常隻身到樓下餐廳買便當，在電梯裡遇到幾個同事，正巧其中一位女生就是我寄出企劃案的收件人，我向他們點了頭，禮貌地笑了笑，背對他們站著，此時我聽到其中一人問，「那個媒體企劃案寫得怎樣？」

媒體企劃部裡唯一的成員就是我和主管，因此他們肯定是在講我早上寄出去的那份提案，我屏息聽著。

「爛……死……了。」那個女生絲毫沒有避諱地大聲說。

那一瞬間，我覺得自己僵成一塊岩石無法動彈，兩頰發燙，眼淚在眼眶裡打轉，為什麼一點都不介意我在裡面呢？難道不知道我也會難過和困窘嗎？而且明明是我們部門主管看過也同意的案子，到底爛在哪裡呢？

電梯門一開，我死勁的往外走，頭也不回，因為我不想讓別人看到滑落臉龐的淚水和紅掉的鼻子。

現在想起來，當時的企劃案肯定真的很差，畢竟後來我也指導無數剛畢業的菜鳥，那種初生之犢毫無邏輯、不懂市場、對產品沒概念、對消費者一無所悉的恐怖企劃案是完全可以預期的。

菜鳥是一種特別容易暴走的生物，企劃案寫不好只不過是最輕微的一項特質。

我有一位如今非常得力的下屬，一開始進公司的時候連Email都寫得讓人膽顫心驚。當時他剛畢業，是個認真負責的年輕人，表達事情也很坦率直接。一般來說，坦率直接不是壞事，但寫Email的時候，可就未必了。

「Jordan，幫我跟客戶問一下什麼時候可以收到款項？已經超過合約上的時間了……」他剛上班的第二天，我請他幫忙聯繫客戶，交代完後，我內心隱隱有點憂慮，畢竟這種催款的信不容易寫，「你寫完之後先傳給我看看。」

「好的！」他爽快的回應，並且很快地把信寫完傳給我。

我一看他的信，真是差點沒暈倒，信上寫著：

Dear ××

根據合約，此案已經逾期尚未付款，請儘速繳清。謝謝

Jordan

天啊！這是怎麼回事？我腦中一陣暈，「為什麼會寫成像電費催繳帳單呢？」說實話，我當時內心宛如孟克吶喊圖，非常崩潰。沒想到菜鳥連Email的寫作都必須開始重新訓練。

又例如某次我請下屬幫我婉拒一個商業合作的邀約，結果下屬寫出的信是：

Dear ××

謝謝來信，但此案沒機會合作了。

（溫馨小提醒：這位同學，你老闆剛剛交代的「婉拒」呢？……）

說真的，剛開始遇上這種事件總讓人不免傻眼，幾次之後，我已將這一切當成是職場的餘興節目，仰頭大笑三聲後，再把對方找來好好指導。畢竟，哪個如今獨當一面的人才，不是從菜鳥開始當起？

話雖如此，有時菜鳥確實會惹出一些棘手的麻煩，例如之前遇過一個剛從名校畢業的年輕同事，他負責張羅四十位消費者參與的活動，原本事情都進行得好好的，信件內容也都由主管幫忙確認過，他的主管在他發信之前還交代了一句，「記得要保護好個資喔！」

如果你是有經驗的老鳥，便會知道這句「保護好個資」的意思就是要記得把所有的收件人放在「密件副本」的欄位，以免彼此的個人姓名和Email資料外洩，被有心人搜集作其他用途。

無奈菜鳥真的不知道，那位同事仍然把四十個Email都大剌剌的放在「收件者」那一欄裡，並且沒有副件給自己的主管，直到其中有一位收件者直接打電話投訴，主管才知道發生這麼嚴重的事。

「我不是告訴過你，要保護好他們的個資嗎？」主管火冒三丈地質問他。

「我有，只有他們四十個人會彼此知道各自的Email，沒有其他人會知道了……」聽著名校菜鳥的回答，讓我們幾個坐在旁邊默默聽到一切的人啞然失笑。

菜鳥最大的癥結就在於「那些錯誤並不是真的攸關生死的問題，但職場上人人都知道不可以那樣做」。換句話說，他們是一群尚未經過職場社會化過程的人，而在各種方面都可能不小心做出一些你沒有防範到的錯誤。

但是菜鳥一方面薪水較低，不會讓公司有太多的人事成本壓力，二方面沒有沾染太多從別的公司或產業帶來的習氣，像塊璞玉，因此許多公司便會在人力資源的網頁上加註「至少一年或兩年工作經驗」，說真的，看到只需要三年以下工作經驗的職缺，即便是沒經驗的新鮮人都可以試著應徵看看，求才的公司只不過是希望新人應對進退要有點基礎，專業能力重新學習無妨，別太傻、太天兵就好。

回首我們一起走過來的那些日子，從菜鳥變火鳥、再從火鳥蛻變成老鳥，我們誰不是經歷過這些階段的浴火鳳凰？

（咳咳，知道我引用哪部電視劇的，你無疑已是超資深老鳥。）

你很好，但我無法錄用你：面試官的真心話

履歷誠可貴，臨場反應價更高，原來每道面試題目背後都有你看不到的用意……

某天和一位擔任外商公司高階主管的朋友聊起面試新人的經驗，我好奇問他，「以你們公司來說，是不是真的非得要海龜才可以進得去？」「海龜」是稱呼那些留洋「海歸」學子的暱稱。

朋友想了想說，「也不是刻意一定要找海龜，但是公司內部全都用英文溝通，時不時也要跟總公司報告，同仁英文不好的話，只是讓我們其他人麻煩而已。」

我又問。

「所以長春藤或是牛津、劍橋那些大名校，會優先錄取嗎？」

「這倒不會，名校不一定好用，還是要看履歷和個人特質。」

朋友分享了自己應徵新人的經驗。他說每次面試的筆試那關，他都會刻意給新人一份非常長的英文文章，請對方翻譯成中文，依照那篇文章的長度，照理說在指定時間裡，大多數人都很難翻得完，但他想觀察的正是這種「顯然翻譯不完的時候，應徵者會怎麼辦？」。

根據朋友的觀察，有些人會老老實實從前翻到後，翻到哪裡算哪裡；有些人則是一開始就知道肯定翻不完，所以先抓出文章大意，只翻譯精要部分；有些人時間一到就呈現完全放棄的自暴自棄狀態；有些人則是硬要考官再多給五秒鐘，死都不願意放棄。

「看他們如何面對這個考試，就能大概猜出他們平常的個性。」朋友笑著說。「不過有一次，我還真的遇到一個名校研究所畢業、中英文能力都非常好的女生，她在時間內完整翻譯完成，而且品質非常好，但最後我還是沒有錄取她……」

「為什麼呢？」萬中選一的雙語人才居然沒有被錄取，我感到詫異。

「因為我們畢竟不只是需要英文好而已，處理事情的反應也是很重要的。」

朋友說，在口試的時候，他問了那個女生一道情境題：

> 如果今天客戶打來問你，「聽外界說你們公司最近某樣產品產量供應不太穩定，時不時會缺貨」，這時候你會怎麼回覆他？

來應徵的女孩想了想，回覆說：「我會跟客戶說，應該沒有吧。」

「為什麼你會說沒有呢？」朋友追問。

「因為如果說有的話，應該不太好吧？」女孩說。

「那萬一真的有呢？你是不是就錯過第一時間跟客戶說明的時

機了呢？」

「噢……」女孩一時不知該怎麼作答。

聽到這裡，我忍不住問朋友，「那你期待什麼樣的答案呢？」

朋友笑著說，「當然是先拖延客戶一下，表示沒有聽說有這個現象，但會去瞭解詳情，或和主管詢問（討救兵），再主動回覆他呀！」

求職者不只學歷背景會被詳加考量，臨場反應是否機警、個人具備什麼樣的特質，往往更受到面試官的重視。

儘管履歷不能代表一切，但如果寫不好卻可能會失去進入面試的機會。

開設了很受歡迎的「履歷優化課程」的《大人學》創辦人張國洋，分享了一些關於寫履歷常見的失誤點：

一、求職者的害羞反映在履歷上：

很多人會因為太害羞而在履歷上把自己寫得很普通，不好意思強化自己做過的事、完成的專利或成就，卻寫了一堆自己喜歡騎自行車、攝影之類的興趣。事實上你的履歷就是你個人的品牌廣告，應該盡量把優點呈現出來，包裝得讓人忍不住想買單。

二、過往工作經驗雜亂無重點：

很多人擁有多種不同的工作經驗，覺得少寫哪個都很可惜，所以不管相不相關全都列上，例如應徵軟體工程師卻寫上自己有當過保險業務員、考取保險業務專業證照的事蹟，反而因為雜亂而讓人無法聚焦，失去印象。

三、使用制式履歷格式讓自己埋沒在人海裡：

制式履歷不是不能用，只是當所有的人都使用人力網站的免費格式時，就很容易失去特色，而且制式格式未必適合每個人，特別當你並不想分享某些資訊時，很可能會因為制式表格裡有那個欄位而不得不填。

四、照片模糊不清或不專業：

雖然國外職場文化裡，照片並不是必備的項目，但台灣有許多產業仍然非常看重求職者是否放上照片，然而年輕一輩的求職者往往容易「放錯照片」，例如放了在海邊漫步的風景照、露營的郊遊照、甚至是用ＡＰＰ特效做出來的動物臉照……這都會讓自己失去專業感，履歷的照片最好還是使用較具專業感的照片，且解析度要夠大夠清晰的才好。

五、自傳不要永遠在寫小時候：

很多求職者一遇到要寫自傳，總習慣從自己的身家背景開始介紹，一路從小學中學寫到大學⋯⋯其實大可不必，與其知道應徵者的成長故事，公司更想要知道應徵者在之前的公司裡所遇到的挑戰、如何克服以及如何跨越自己，完成各種不可能的任務。除非是剛畢業的新鮮人，否則實在不必描述過多大學參加了哪些社團，又參與了什麼團康活動。

如果我們把求職的人們想成是一個個的商品，那麼履歷就是你的商品文案，而面試則像是實體店鋪消費者把玩產品的過程，要讓人想入手，不只文案要吸引人，實測實體產品時也要讓人覺得反應敏捷、操控性高、不至於當機⋯⋯誰都不想下單那種看起來就會問題百出的產品。

在找工作、遞出履歷前，不如先拿著自己的資料做個假想：

「假設你今天擔任人資主管或面試官，會不會想錄取這樣的你自己？」

或許，你就會有截然不同的思維方向和策略。

你選擇的合作夥伴，同時說明你是誰

「他是他，我是我」這句話對於商場上的合作夥伴來說，可能不完全適用。

有個職場的後輩憂心忡忡地來找我，「A跟B兩個廠商同時來找我合作，可是我不知道該選哪一個？A是上市上櫃公司，可是老闆花名在外，老是跟女明星掛在一起；B是小一點的公司，可是老闆跟老闆娘對人態度很好。」

「不用懷疑，選B。」我說。

在江湖上打滾十幾年來，我深深相信一個老祖宗傳承的道理：近朱者赤、近墨者黑。但我並不相信人們是因為接近了墨者才變黑，頂多只能說那些墨者「勾出」了那些人黑暗的部分，而讓黑顯得更黑。同樣，一個人會接近一些良善的朋友而變得更好，並不一定是因為好的朋友教導了他多少事，而是因為那個人內心有一種想往更好、更卓越的方向去的念頭，所以他才會接觸那些好的朋友，產生正向循環的效果。

有時職場上並不一定有真正的大是大非，頂多只能說有些人特別利益導向，不惜走偏鋒、炒短線；而另外有些人願意持守「有所為，有所不為」。

曾經有品牌廠商跟我接觸，希望我能在粉絲團為他們的產品做介紹。後來我研究了對方的資料，發現他們過往找的線上代言人普遍很「特別」，他們傾向找高人氣、很有話題性的名人，但十個裡面卻有五個是極具爭議的「口水型網紅」，也就是天天在網路上跟人噴來噴去，語不驚人死不休，三天兩頭被喊告的人。

說實話，這家品牌的產品還挺好用，我自己私下也很愛用，可是當他們的消費者是一回事，要幫他們推薦、成為他們的線上代言又是另一回事。

「我可以偷偷問一下，你們為什麼喜歡找這類爭議型的人來介紹產品呢？」我本身是個特別避免挑起爭端的性格，因為在我的人生觀裡，世事往往存在兩面，通常各有道理，沒必要為了自己相信的立場殺紅眼。所以廠商找了那類網紅又找我，簡直讓人不得其解。在好奇心驅使下，我忍不住問了對方。

（另一個不解的地方是：如果我是廠商，很可能不太敢碰觸這類網紅，說不準對方哪天會爆炸炸到自己，實在太可怕了！）

「我覺得很有話題性啊！他們有很多自己的死忠支持者，你知道那個×××，雖然超爭議，但是網友都相信他會講真話，所以他一開賣常常營業額就破百萬。」

哇~喔！破百萬業績再加上抽成，難怪那位網紅三天兩頭就找爭議點來炒熱話題，其他一些網紅看他這樣竄起，也跟著複製大砲謾罵的模式，但業績有沒有一樣水漲船高就不知道了。

演藝圈有句老話：「不怕別人黑你，就怕別人不再提起你。」換句話說，有人罵你總比沒人想罵你來得好，這是個「只要有新聞就是好新聞」的超淺碟世代。

可想而知，後來我婉拒了這位廠商的合作邀約，儘管對方很客氣，產品也很好用，但我總隱約感到不安（也或許是想太多），找爭議人物衝銷量並不是不行，但對維持品牌長久的形象真的好嗎？

當網路名人在推薦某個品牌時，其實不只是為產品背書，同時也是把品牌的形象跟自己的形象連結在一起，消費者的腦海中會建立

「對！那個某某人都為他們家的產品代言」或是「那個品牌的代言人都是某一種特定類型的」，例如你不會看到林志玲和許純美同時為一項產品代言（就算是許純美最「紅」的那段時間），相對地，成功邀請安潔莉納・裘莉或綺拉・奈特莉擔任全球代言人的產品，便能輕輕鬆鬆找到其他各地區域的知名代言人。

因為形象是一種「月暈效應（Halo Effect）」，在人們心裡會自動類比。而這樣的歸納法其實不無道理，背後涉及了一種「品味的選擇題」。

我們選擇穿上什麼樣的衣服、配上什麼樣的首飾、選擇郊區或鬧區的居住環境、閒暇時唱KTV或繪畫、衝浪等不同的娛樂，甚至結交何種交友圈，都反映了自身獨特的品味，品味跟經濟能力有關卻不完全相等，同樣有錢的人很可能會有截然不同的品味。

例如說，一個開著限量外國超跑的有錢大叔，可能脖子掛金鍊條身邊還帶一個膠臉辣妹；而另一位同樣有錢的男士，則可能身穿三件式紳士西裝，挽著一位穿著高雅簡約氣質出眾的女性。品味確實可以透過學習而來，但最重要的仍然來自一種選擇，是多選項下的取和捨。

觀察品味的選擇，不只可以看出個人生活，商場上也同樣適用。一間公司總是和什麼樣的供應商打交道（價格或許是重要因素之一，但不是必然）、選擇什麼樣類型的員工、舉辦哪些企業活動、找什麼樣的代言人，都足以讓人反過來看清楚那是一間什麼樣的公司。

同樣地，一個老闆對「成功」的定義、他的成功典範是誰、他對家庭和公司的態度、他去哪裡交際應酬、他結交的朋友、他的另一半……也都反映出他自己是個什麼樣的人。

所以，千萬不要輕忽你在事業合作夥伴的選擇，因為你的夥伴往往反映了你自己。

面相不一定準，「Mail相學」你不可不知

用十秒鐘看一封Email，就知道該不該跟你們公司合作……

做網路行銷或是網紅這一行，時常會收到各式各樣的外部來信，例如來自各種不同客戶或廣告／公關公司的信，或是協力夥伴、場地單位的信，看久了，甚至可以媲美面相師，只不過我是「Mail相師」，看Email就能八九不離十，猜出來信者的個性、未來升遷希望，以及他所屬的公司大概是個什麼樣的單位。

有些單位並不是一定有問題，但必須稍加留意，例如說，來信是用@gmail.com之類的免費信箱結尾（而且也不是備用信箱），這種多半就是私人工作室發包接案，當然，私人工作室並不是一定會有

問題（我自己也這麼做過一段時間），但是根據個人經驗，跟私人工作室合作的風險大一點，容易發生款項遲收或收不到的問題。畢竟是個人嘛，沒有公司的規模，跳票的機會也略高，他若是真惡意躲起來，你也拿他沒辦法。

有些公司則是沒有知名度，而且取的名字和Logo也怪裡怪氣，來信的口吻絲毫不專業，信件的開頭也不寫收件者的名字，只寫「Dear，我們是××公司」，信件內容花花綠綠，字體有大有小有黃有綠，問你「要不要合作？」讓人連回信的興致都沒有。

另外也有一些天兵的來信，收件者的名字寫是寫了，但寫錯了，例如我就收過「哈囉，御姐愛（中間的字錯了，不是我慣用的『姊』）」，但這點尚可推說簡／繁中文互換，情有可原，但其他「御愛姐」、「禦姐愛」、「愛玉姐」（你是需要退火嗎？）……這類我就直接丟到垃圾桶了，如果連名稱都寫錯，我不相信你真的了解自己想要合作的對象。而隨便亂發邀約，我認為就跟病急亂投醫差不多，你自己要亂可以，但請不要來亂別人。

跟上述差不多症頭的還有一種信，就是複製邀約信但忘了改名，我就收過，「Hi淡如姐」、「Dear Peter Su」（What?!）或是前面寫對「Dear 御姊愛」，但信的中後段卻沒有改到，變成「希望可彤可以一起使用看看這項產品」……Well……不如就乾脆稱呼我為志玲吧，我會立刻笑納。

不過最極致的，還是有一次我收到一份用印後的合約，結果一打開，卻發現裡頭的合約不是該給我的，而是另外一位大牌明星的，於是，那位大牌明星的活動出席行情就不小心被大意的公關公司給曝光了。

或許你會說，人有失手馬有亂蹄，吃燒餅哪有不掉芝麻的？是是是，這些我都知道，或許你的主管能夠容忍你幾次錯誤，但做為你的合作夥伴，他人為什麼要容許你的失誤？我的意思是，對方當然也知道「那不過就是個失誤」，但當他還沒跟你展開合作，仍在思考要不要這個結盟時，這些錯誤都會造成「不夠專業」的印象扣分，相信我，沒有人想跟兩光的夥伴合作，風險太大了。

我曾經聽過一位媒體編輯盛讚一位寫作的前輩，「她的稿子真的從來都沒有錯字，總是準時交稿，非常專業。」很遺憾，我本人也做不到零錯字，而且偶爾還會拖稿，但從別人讚美之詞不難看出，「精確性」確實是專業的第一課。

此外，一封郵件「有沒有站在對方的立場」著想，也會影響閱讀者的感受。

我曾經聽過一位擁有三十萬粉絲的同業朋友抱怨一些剛起步的新創公司，「有時候會收到一些小型新創公司來信，要求用『資源交換』的方式合作。」朋友說，這些新創公司希望他可以幫忙在粉絲團貼文、推薦他們的APP或服務，但是對方卻沒有說自己的公司可以提供什麼做為「交換」。（補充：三十萬粉絲的網紅，張貼一則介紹貼文換算市值通常約六至十萬元不等。）

如果你看到這裡有點不瞭解的話，我來說明一下：

一般來說，品牌廠商找網紅合作，最簡單的酬勞支付方式當然就是金錢。但所謂的「資源交換合作」通常是為了不想凡事都訴諸於錢，所以你出一樣，我出一樣，互相幫助。例如說，有些大型媒體有一百萬粉絲，他們會跟一些藝人、網紅或是還沒什麼知名度的寫手邀稿，用自身大量曝光資源換取免費內容；又或者是有些高單價產品可能會用產品交換的方式進行合作。（但通常越知名的網紅越少做資源交換合作，因為他們案量太多且本身甚至比媒體還要高人氣，根本不需要堆積如山的產品或多餘的曝光，不如換成錢。）

由於來邀稿的新創公司沒講自己這方可以端出什麼資源來合作，於是朋友便好奇地回信問，「請問貴公司會提出什麼資源來交換呢？」

沒想到新創公司的回覆也妙，他們說：「我們可以在我們的粉絲團也幫你分享，或是在我們的產品裡幫你設一個專區。」

朋友一查，對方的粉絲團不過五千人，產品用戶也不到一萬。「虧他們說得出口！」朋友大呼。

天啊，這哪叫「合作」或「資源交換」？簡直擺明要人家無條件幫你吧！

說實話，在我看來，如果在資源這麼不對等又沒有預算的狀況下，你還不如好好寫封動之以情的信，請別人好心幫幫你，說不定還有一絲絲機會，不至於惹人白眼。

朋友這個例子也讓我不禁為這間新創公司擔心，如果你連一個潛在合作夥伴「會怎麼想」、「期待什麼」都無法感同身受，那麼，又要如何做出一個能打動消費者的產品或服務呢？

一封Email看似不過尋常分內事，但裡頭所藏的玄機可是很大的。

下回，當你在按下「寄出」前，不妨再次檢視一次信件內容，設身處地想想，如果是你接到其他人寫來這樣一封信，會有什麼樣的感受？

自由工作者百態：你不做，別人搶著做

當個上班族和自己接案的差別，在於前者希望事情越少越好，後者希望案子越多越好。

某次要舉辦一場發表會活動，全公司都忙著張羅場地、出席人員、媒體、現場製作物以及廠商聯繫等各種大小細節，我的工作之一是要和視覺設計師聯繫，請他製作現場背板和其他宣傳品。

那時公司原本配合的視覺設計師休產假去了，於是我必須物色新的合作設計師，事實上找設計師並不是一件容易的事，首先要找到風格和預算都符合需求的已經是緣分，在設計界價差非常大，有些名氣、曾經接手過大案子的，很可能比一般待過知名設計公司的設計師貴個五倍、十倍，而待過知名設計公司的設計師，又可能比默默無聞的設計師貴個三倍。

當然，並不是貴就能做出比較美的東西，所以還得一一研究設計師的過往作品，才能評估是否符合所需。

那次兩位友人各自介紹了相熟的設計師，這兩位設計師我們就姑且稱之為A和B吧。說實話，A和B的作品都很不錯，但A的報價稍微比B便宜了15%。於是我便先用郵件跟A聯繫，事先也請中間友人先打過招呼。

「你好，很開心透過××的介紹，有機會在這次發表會與您合作。附檔是這次發表會的相關細節，我們所需要的視覺項目一共有背板、立牌和貴賓手冊三項，所需規格都在附件裡，費用就如您所報價的○○○○○元，先預祝我們合作愉快囉！」

我寄出第一封信件之後，預料對方應該會禮貌回個信確認有此合作事宜，然後我再提出合約與其他合作細項，雙方將合作案確認下來。

但是沒有，我的信寄出之後，對方完全沒有回覆。

一天、兩天、三天，音訊全無。我的經驗告訴我，如果一個外部單位的接案人是用這樣的態度與外界互動，後續的溝通往往不會太順暢，畢竟接案者最忌諱讓業主找不到人。（當然，除非你找的設計師原本就很大牌、非常忙碌，是他挑案子不是案子挑他，那麼晚點回信是可被接受的。）

由於活動箭在弦上，於是我試著聯繫B設計師。我寫了一模一樣的信給B設計師，很快地，一個小時內就收到回信，對方在信件回覆上還主動提供了手機和LINE的帳號，「提供這些資訊給您，以便雙方能即時聯絡喔！」

看在我眼裡，真是萬分感動又安心，即使報價多個15%也願意。於是最後我便將案子交給了B設計師處理，任務圓滿成功。至於A，終於在我寫信給他的兩週後，回了我一封信，「噢，不好意思，因為我前陣子案件太多漏看了信件，所以現在才回覆，麻煩你提出合約給我，並載明雙方權利義務……」我靜靜地看完對方的信，忍不住搖頭。

一段合作關係並不是開展於雙方簽訂合約之後，你的回應頻率、信件裡的用字遣詞這類回應細節，早已開始被評估。

這幾年「斜槓」這個詞相當流行，許多人不甘於一輩子只有辦公室裡小小的人生，積極發展第二、第三專長，接案兼職，有的人甚至乾脆創業當自己的老闆，決定當個自由工作者或開個一人公司。但當個自由工作者並不是沒有風險，除了自己必須找案源之外，最大的難題在於**以前在職場工作時，會有人指正你的缺點，但自己接案時，卻往往不容易看到自己的盲點。**

例如以A設計師來說，如果他在辦公室上班，遲遲沒有回覆客戶的信，很可能會被主管提醒，「上次那個案子後續呢？」於是他便可能會提早處理，不至於失去合作機會。

當自己就是自己的老闆時，你必須身兼「執行者」與「業務」的身分，俗稱校長兼撞鐘，很多人選擇離開公司自行接案，為的就是逃避人際壓力或應酬，但以我數年來接過近千件案件的經驗，我必須老實告訴各位，要成功的以自由工作者或一人公司的身分活下來，你絕對無法避開那些「做人處事」的社交法則。

想想看，市場上有無數的接案人員，為什麼他們要把案子發給你呢？如果你已經是各種獎項的常勝軍，或是在社會上有極高聲望，或許你可以稍微擺出一點姿態（但別忘了，當你有知名度之後，若是太難搞將很可能被爆料），倘若你不過是自己覺得作品比一般人強，卻不是太有知名度的話，勸你還是謙虛、積極、誠懇一點的好。

所謂的做人處事，除了信件收發盡可能在一兩天內回覆，如果耽擱比較久才回覆，也別忘了跟對方說聲不好意思；除非對方的邀約實在有點扯、或是來信沒什麼禮貌，才不用非要回信。另外懂得感恩也是很重要的一點，適時的請支持自己的客戶喝杯咖啡、吃個飯，或是記得對方的生日、節日時送上小禮物，也是拉近彼此關係的好方法。

還有一點十分重要，但年輕的接案人員往往不懂，就是「**適時地吃一點虧就是佔便宜**」。例如對於時常配合的老客戶，不妨偶爾創造一些「ＶＩＰ優惠待遇」讓對方覺得自己被重視，例如說，合作五次之後，有一次的合作可以突然免費或得到極大的優惠，要特別注意的是，這種優惠方案雖然可能早已在你心裡，但不要寫在制式的報價裡，而是突然贈送，超越預期的驚喜，才會讓客戶內心有更高的爽度。

受僱於人時，沒人跟你搶著做；當個自僱者，則是人人跟你搶著做。

你必須先表現出對案件Hungry的樣子，才有可能口袋滿滿Money Money。

人人心中都有一張黑名單

年輕時，看別人忙得團團轉總覺得欽佩；現在才知道，遇事處變不驚才是真功夫。

「那個窗口又打電話來了……」下屬對著我很無奈的說。

「這次又有新的細節要交代嗎？」我問。

「對……話永遠都不一次說完，三天已經改了十五次。」下屬感覺已經快崩潰，我只好安慰她，叫她整理一下情緒，好好把這工作完成。

這位讓人聞之色變的，是我們的新客戶窗口，還沒開始合作案子時，這位窗口還拍胸脯保證說，「放心，我很有經驗，你們的難處我都知道，我會罩你們。」沒想到案子一開始進行，眾人就發現這窗口簡直恐怖到了極點，不只需求一改再改、還會奪命連環叩，每一通電話的口氣都急得像是山洪爆發水已經淹到腳邊的態勢，「我告訴你，這事情就是要怎樣怎樣，反正你弄給我就是了……」也不等別人回話，咔一聲就切掉電話。

然後，幾個小時後又會再打來說，「剛剛說的不完整，還要再加上什麼什麼……」然後再度掛掉電話。

沒過多久，又會再打來，「上一通說的那個部分，還是改掉好了，改成另一種樣子……」

就這樣，下屬忍不住算了算，三天就來了十五通電話，其中十通是增加新內容，三通是否決之前的內容，兩通是再度推翻先前「否決之前內容」的內容。

眼看著下屬快撐不住，我忍不住親自跟那位窗口對上電話。

當遇到越急的人，往往必須越沉著。

我一項項地向他釐清最新的需求，以及向他了解為什麼訊息改來改去，這位窗口看似也沒有聽清楚我的話，急著說：「我知道、我知道，都是我的錯，我已經很努力在處理了，可是事情就是發展得莫名其妙，我也很無奈，真的對你們很不好意思，可不可以再幫我修改最後一次就好？」

「那你記得兩件事，第一，這是最後一次修改，否則要加費用；第二，以後任何修改都寫信，不要用電話，彼此才能留下憑據。」

「好好好，我知道，不好意思耶，辛苦你們了，你們真的好貼心喔，我真的很感激……」對方連珠砲似的三秒內講完這句之後，果不其然立刻掛上電話。

你看出問題在哪了嗎？

這位窗口的問題並不出在事件有多棘手，而是出在他的個性。他沒有耐心、也不仔細聽別人的意見、雖然很會講場面話，但其實那只是一種習慣，並沒有真心想要改變造成別人麻煩的作為。

很多人在職場上會以為看起來忙、很急、動作很快是好事，但除非你已經是熟練到不能再熟練，否則多數的時候，這些特質更可能會壞事。

有些人非常幹練，能夠一個人處理一百件事；有些人，卻一次只能處理十件事。真正的差別**在於前者在處理事情時，能夠保持冷靜思考**，例如他們會想，「現在所來的每件事都真的必須要處理嗎？到底是要處理事件本身，還是應該處理人呢？」「是否有些事暫時不必做，或許就會消失的？」

例如說，當你接到來自不同部門或客戶的需求，直接照單全收逼自己做是一種方法，但告訴對方，目前手上已有執行中的案件，必須等候一週才能給他，是另一種方法（不騙你，對方很可能因為趕著要，所以就自己處理不必麻煩你）。

（那麼你會問，為什麼對方明明可以自己做卻要來麻煩別人呢？這當然是因為，他如果能交給你，就不必自己做啦！）

又例如，有些時候，問題並不是出在事件本身，而是出在人的問題上，例如你的主管對你提出來的企劃案很有意見，未必是企劃案整體不夠好，而是主管期待的「某些元素」並沒有出現在你的企劃案內。

換句話說，要能夠快速有效的處理工作，你得要有一顆冷靜的心和敏銳的思維，你的眼睛必須像是過海關的X光掃描一樣，**先透視每個案件的本質是什麼**，不同的任務可能有不同的闖關法。

要做到洞察事物的本質，你必須先對職場裡的人與人之間的關係、權力結構、彼此的拉力跟推力運作有基本了解，才可能看清楚自己手上正在處理的，到底是什麼層次的問題。

仔細、謹慎的聽別人說話，不只可以幫助你省下大量的時間，也可以讓你更懂得如何和這些人一起共事。

在職場裡，我們的心裡多少都會有一些天使名單和黑名單合作夥伴，友善且做事有規劃、有策略的人，肯定是在天使名單裡，而黑名單則充斥著那些把別人搞得一團亂、老是要別人擦屁股、不負責、冒失、剛愎自用、不知變通的人。

有些人常常得意自己在職場上像個大忙人，貌似非常被大家需要的樣子，但其實仔細觀察，其中大概有一半以上的人，只不過是無頭蒼蠅，做事沒有方法、處世沒有策略，所以才把自己搞得那樣忙。

想想看你手上那些天使名單裡的人有哪些特質，模仿他們那些好的特質就對了。

中計乃職場兵家常事

她在電話那頭哽咽泣訴自己立刻要被老闆火了，於是我一時心軟……成了大笨蛋。

職場文化有時讓人費解，曾經，我總覺得「大家各賺各的錢，把份內的事情做好，不踩別人也別被別人踩，難道不行嗎？」

別傻了，事情沒有那麼簡單，一來是人性未必有想像得那麼善良，二來是職場即戰場，哪怕你做的是行政庶務等後勤支援單位，也逃不了一些檯面下的鬥爭。

我人生第一次遭遇職場中計是二十六歲，那年我在一間外商媒體公司當企劃。

「我真的不能告訴你別台的成交價……」我已經跟某位電視台女業務講了一個小時的電話，她在電話裡頭又哭又逼又請求，逼我把其他競業頻道的價格供出來，我已經快招架不住，她哭，我也想哭。

「可是你主管本來答應我這是獨家的，所以我們公司才會給客戶這麼優惠的報價。」對方在話筒另一頭這麼說。「現在我主管氣死了，她剛剛說要Fire我。」

和我通話的女業務非常資深，已在電視台打滾將近二十年，這下居然搞到要被Fire，我也跟著慌，好像自己是兇手一樣。

「本來真的是獨家的呀，但是後來客戶加了預算，所以才增加了另一個電視台。要不要等我主管回公司再跟你聯繫，或是你打他手機？」我一心想把這顆球丟回給主管，一切決斷都已經超過我的能力範圍。

「來不及了，再不知道對方的價格，我下午就會沒工作了，現在離職單在我桌上……」對方哽咽啜泣不止，讓我湧出乾脆豁出去的惻隱之心。

「我不能跟你講確切的金額，但他們的合作規模沒有你們家大，請你主管不用那麼在意。」那一刻我心軟了，甚至還刻意教對方怎麼安撫她的主管。

對方聽了我這麼說之後，安靜了約兩秒，然後追問，「所以是少多少，有少到一半嗎？」

「少一點啦。」我含糊其詞。

「所以是我們的三分之二左右嗎？」她不死心。

Bingo！她猜到正確答案了，但我覺得就這麼承認好像也不妥，

「反正就是一半以上，但少於你們的全額啦，我最多只能說到這樣

了。」

「好，謝謝，我趕快去回報。」剛剛的啜泣已經完全消失，那位電視台業務匆匆掛了電話，我看了看手錶，一通電話竟然花了一個多小時。

我感到心力耗盡，和同事揪了一起外出去午餐。

萬萬沒想到，那天下午四點左右，公司副總接完一通電話之後，把我叫去，「你早上是不是有接到電視台來的電話？」

「對。」我意識到事情似乎大條了。

副總嘆了一口氣，打了辦公室內分機叫我直屬主管進來，當時我主管才剛從外頭開會回來，我還來不及跟他報備早上的事。

「她早上告訴電視台業務另外一台的價格，現在原本那一台生氣說不配合了，離上線只有兩天，這下要我們怎麼跟客戶交代？」副總看著我主管，而我主管看向我。

我一五一十地講了上午發生的事，主管忍不住吼了我，「你怎麼這麼傻？她當然是騙你的啊！她在這行幹了二十年，怎麼可能就這樣被Fire！」

所以，一切的啜泣、被Fire、離職單都是假的嗎？我簡直不敢相信傳說中的「苦肉計」在我眼前活生生上演。

當時我沒有太多商場交手經驗，只當過幾年記者，記者的世界既複雜又單純，複雜在常要第一線接觸世間悲歡離合，單純則因為不涉及金錢。可惜商場並非如此，動輒就是利潤、預算、幽微的社交界線。設局與中計，天天在發生。

最後我們公司為了安撫原本那一家電視台，只好想辦法給他們更多甜頭。

不過我的例子還不是最慘的，我就聽過業界另外一位女同業，被下游媒體業務帥哥拐了預算又傷情，人財兩失的例子。

那位女同業年近五十，因為持續健身和偶爾「進廠維修」，保養得還不錯，離了兩次婚，後來保持著單身的狀態。某天，下游廠商來了一個新的男業務，三十三歲，長得高大英挺，拜訪客戶時總是穿著西裝，品味很不錯。

據說這男業務費了很多心思討好我們女同業，希望從她手上挖更多預算，而不論再聰明的女人，有時愛情一來就被沖昏頭，「你們不要用這麼卑鄙的想法想人家，他雖然是業務，但非常認真。」每當我們試著提醒她，這可能是下游廠商使用的「美男計」時，她總是幫年輕的帥哥底迪說話。

後來的發展如預料一般，對外，他們的關係是客戶與下游廠商，但對內，其實早就一週兩天同居在一起，且不用年輕業務底迪開口，我們這位女同業總會愛屋及烏自動多給他一些預算。

「主管今天在大家面前表揚我，說我比經理還厲害，讓我很得意，都要謝謝你！」業務底迪嘴甜討喜，女同業飄飄然，好像自己也被稱讚了，於是又再多給一些預算。

三個月後，女同業無意間發現業務底迪行跡可疑，於是派人跟蹤，果然發現業務底迪和其他女人去海外旅遊，回國後，女同業守候在機場入境大廳，果然等到業務底迪和小三親暱出現，氣得衝上前理論，雙方發生肢體衝突，底迪氣得飆出實話，「要不是為了那點預算，我為什麼要跟你這個老女人在一起？」

騙了預算還好，自此之後，女同業的自信心蕩然無存。

職場裡的狡詐計謀或圈套並不是遍地發生，但倘若某天不幸遇上中招也不必太過意外或自責。心懷惡意者，自然會有屬於自己的教訓，而我們，哪怕好比叢林裡的小白兔，也能因為心懷善良和真誠，而為自己感到榮耀。

職場只是一時，人的尊嚴和風骨卻是一輩子。

堅強的心好疲憊，你需要的是一點勇氣，
換個角度思考困境！

單身生活，不是學會堅強就好

御姊愛◎著

為了不要感到孤單，我們努力學會堅強。但堅強不會讓我們幸福，想要過得更好，必須先讓自己變得更好！御姊愛以自己一路跌跌撞撞走來的親身經驗，與我們分享「不取悅大眾」、「跳脫主流價值」的處世哲學。面對愛情的迷惘、工作的困惑、人際關係的身不由己，與其讓個性決定我們的命運，不如轉換另一種思考難題的方式。對她來說，人生並不是一個考題，沒有「答對」或「答錯」，只有拋開束縛，重新拾回「做自己」的勇氣，才能過自己真正想要的人生！

國家圖書館出版品預行編目資料

你老闆在你背後，有點火 / 御姊愛著.
--初版.--臺北市：平安文化. 2018.12
面 ;公分（平安叢書；第620種）
（邁向成功；75）

ISBN 978-986-97046-6-3 (平裝)

494.35 107019564

平安叢書第620種
邁向成功 75

你老闆在你背後，有點火

作　者—御姊愛
發 行 人—平　雲
出版發行—平安文化有限公司
台北市敦化北路 120 巷 50 號
電話◎02-27168888
郵撥帳號◎18420815號
皇冠出版社（香港）有限公司
香港上環文咸東街 50 號寶恒商業中心
23 樓 2301-3 室
電話◎ 2529-1778　傳真◎ 2527-0904
總 編 輯—龔橞甄
責任編輯—平　靜
美術設計—三人制創、嚴昱琳
著作完成日期—2018年10月
初版一刷日期—2018年12月
初版二刷日期—2019年01月
法律顧問—王惠光律師

讀者服務傳真專線◎02-27150507
電腦編號◎368075
ISBN◎978-986-97046-6-3
Printed in Taiwan
本書定價◎新台幣280元/港幣93元